U0107286

摄影绘画与 PS 优化从入门到精通

楚　天　编著

清華大學出版社
北　京

内 容 简 介

本书介绍了 AI 摄影绘画的相关内容,从文案到图片生成,再到 PS 优化,是一本 AI 摄影绘画的入门指南与实战教程。书中包含 11 大专题,通过技能线和案例线展开:技能线,讲解了 ChatGPT 指令生成、Midjourney 绘画技巧、专业摄影指令、画面构图指令、光线色调指令、风格渲染指令、PS 修图优化、PS 智能优化等内容;案例线,介绍了人像、风光、花卉、动物、慢门、星空、航拍、全景等多种摄影题材作品的绘画,还通过一个完整的案例来帮助读者融会贯通所学知识。

本书适合以下读者:专业摄影师和摄影爱好者;设计师、插画师、漫画家、艺术工作者;短视频博主、自媒体创作者、电商美工等;美术、艺术、设计等专业的学生。

图书在版编目 (CIP) 数据

AI 摄影绘画与 PS 优化从入门到精通 / 楚天编著. —北京:清华大学出版社,2023.8
ISBN 978-7-302-64513-9

Ⅰ. ①A… Ⅱ. ①楚… Ⅲ. ①图像处理软件—基本知识 Ⅳ. ①TP391.413

中国国家版本馆 CIP 数据核字 (2023) 第 157552 号

责任编辑:李 磊
封面设计:杨 曦
版式设计:孔祥峰
责任校对:成凤进
责任印制:宋 林

出版发行:清华大学出版社
　　　　　网　　　址:http://www.tup.com.cn,http://www.wqbook.com
　　　　　地　　　址:北京清华大学学研大厦A座　　　　邮　　编:100084
　　　　　社　总　机:010-83470000　　　　　　　　　邮　　购:010-62786544
　　　　　投稿与读者服务:010-62776969,c-service@tup.tsinghua.edu.cn
　　　　　质　量　反　馈:010-62772015,zhiliang@tup.tsinghua.edu.cn
印 装 者:小森印刷霸州有限公司
经　　销:全国新华书店
开　　本:170mm×240mm　　　印　　张:13　　　字　　数:282千字
版　　次:2023年10月第1版　　　印　　次:2023年10月第1次印刷
定　　价:99.00元

产品编号:102860-01

前言

如今，加快建设现代化产业体系，构建人工智能等一批新的增长引擎，加快发展数字经济，促进数字经济和实体经济的深度融合，以中国式现代化全面推进中华民族伟大复兴是我国重要的奋斗目标。党的二十大报告中特别指出"实施科教兴国战略，强化现代化建设人才支撑"，彰显我国不断塑造发展新动能、新优势的决心和气魄。

在这个数字化时代的浪潮中，人工智能技术以其惊人的创造力和创新性席卷全球。从智能助手到自动驾驶，从自然语言处理到机器学习，AI 正日益成为我们日常生活和各个领域不可或缺的一部分。摄影和绘画领域也不例外，AI 技术为我们提供了前所未有的创作和表达方式，极大地拓展了艺术的边界。

AI 摄影绘画，不仅仅是指机器通过学习和模仿人类创作出具有艺术性的图像，而是说 AI 已经成为摄影和绘画创作过程中的强大合作伙伴，它能够提供创作灵感、改善图像质量，并为艺术创作带来新的可能性。

在本书中，我们将探索人工智能如何革新摄影和绘画艺术，深入研究 AI 技术在图像处理、艺术创作和创意表达方面的潜力，揭示 AI 技术所带来的无限可能性。通过本书读者将了解到 AI 摄影绘画的指令生成方法、作品绘制技巧，以及专业摄影、画面构图、光线色调、风格渲染等指令的用法，让读者轻松绘制出精美的 AI 照片效果。本书还介绍了 PS 的修图、调色和创成式填充功能，以及 Neural Filters 滤镜等内容，并讲解了大量的 AI 摄影绘画实例。希望通过本书的学习，读者能够精通 AI 摄影绘画的全流程操作，创造令人惊艳的作品。

本书展示了 AI 摄影绘画的无限潜力，希望能够鼓励大家去探索和实践，激发想象力和创造力，将 AI 技术与自己的艺术实践相结合。

本书特别提示如下。

(1) 版本更新：本书在编写时，是基于当时各种 AI 工具和软件的界面截取的实际操作图片，但图书从编辑到出版需要一段时间，这些工具的功能和界面可能会有所变动，读者在阅读时，可根据书中的思路，举一反三，进行学习。

(2) 关键词的定义：关键词又称为指令、描述词、提示词，它是我们与 AI 模型进行交流的机器语言，书中在不同场合使用了不同的称谓，主要是为了让读者更好地理解这些行业用语。另外，很多关键词暂时没有对应的中文翻译，强行翻译为中文会让 AI 模型无法理解。

(3) 关键词的使用：在 Midjourney 和 Photoshop 中，尽量使用英文关键词，对于英文单词的格式没有太多要求，如首字母大小写不用统一、单词顺序不必深究等。但需要注意的是，关键词之间最好添加空格或逗号，同时所有的标点符号使用英文字体。再提醒一点，即使是相同的关键词，AI 模型每次生成的文案或图片内容也会有差别。

上述事项在书中也多次提到，这里为了让读者能够更好地阅读本书和学习相关的 AI 摄影绘画知识，而做了一个总体说明，以免读者产生疑问。

为方便读者学习，本书提供绘画指令、素材文件、案例效果、教学视频、PPT 教学课件、教案和教学大纲等资源，读者可扫描下方的配套资源二维码获取；也可直接扫描书中二维码，观看教学视频。此外，本书赠送 AI 摄影与绘画关键词，读者可扫描下方的赠送资源二维码获取。

配套资源　　　　　　　赠送资源

本书由楚天编著，参与编写的人员还有苏高、胡杨等人，在此表示感谢。

由于作者水平有限，书中难免有疏漏之处，恳请广大读者批评、指正。

楚　天

2023.6

contents 目录

第 1 章
AI 指令生成：用 ChatGPT 写出关键词

在使用 AI 绘画工具生成摄影作品之前，我们需要先写出 AI 模型能够理解的指令，也就是大家俗称的关键词。关键词写得好，可以让 AI 模型更好地理解使用者的需求，从而生成更符合预期的图文内容。本章主要讲解运用 ChatGPT 编写 AI 摄影绘画关键词的技巧。

1.1　掌握 ChatGPT 的关键词提问技巧

在生成 AI 摄影作品时，对于新用户来说最难的地方就是写关键词，很多人不知道该写什么，导致踌躇不前。ChatGPT 是编写 AI 摄影关键词最简单的工具之一，它是一种基于人工智能技术的聊天机器人，使用了自然语言处理和深度学习等技术，可以进行自然语言的对话，回答用户提出的各种问题，能够轻松编写 AI 摄影关键词。本节主要介绍 ChatGPT 的关键词提问技巧，以帮助大家掌握其基本用法。

1.1.1　在关键词中指定具体的数字

在使用 ChatGPT 进行提问前，要注意关键词的运用技巧，提问时要在问题中指定具体的数字，描述要精准。

例如，关键词为"写 5 段关于日出画面的描述"，"5 段"是具体的数字，"日出画面"是精准的内容描述，ChatGPT 的回答如图 1-1 所示。

通过 ChatGPT 的回答，我们可以看出回复结果还是比较符合要求的，它不仅提供了 5 段内容，而且每段内容都不同，让用户有更多选择。这就是在关键词中指定数字的好处，数字越具体，ChatGPT 的回答就越精准。

图 1-1　ChatGPT 的回答

1.1.2　掌握正确的ChatGPT提问方法

在向 ChatGPT 提问时，用户需要掌握正确的提问方法，这样可以更快、更准确地获取需要的信息，如图 1-2 所示。

图 1-2 向 ChatGPT 提问的正确方法

1.1.3 提升ChatGPT的内容逻辑性

ChatGPT 具有高度的语言理解能力和内容输出能力，如果你希望它输出的内容更具有逻辑性，可以在提问时加上关键词"Let's think step by step（让我们一步一步来思考）"，它能够让 ChatGPT 的逻辑能力提升 5 倍。

例如，首先在 ChatGPT 中输入"请写出泰山的风景特点"，ChatGPT 即可根据该问题简单罗列相关的内容，此时语言和内容都不完整，如图 1-3 所示。

图 1-3 ChatGPT 简单罗列相关的特点内容

接下来，我们再问一次，“请写出泰山的风景特点 Let's think step by step”，出来的结果就很不一样了，如图 1-4 所示。很明显，加上了关键词后，ChatGPT 给出的答案内容顺序更有逻辑性，从画面主体到细节特点，从主要内容到次要内容，都更加分明。

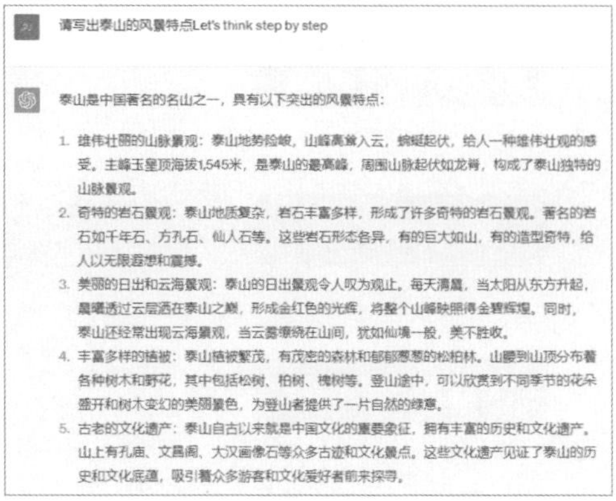

请写出泰山的风景特点Let's think step by step

泰山是中国著名的名山之一，具有以下突出的风景特点：

1. 雄伟壮丽的山脉景观：泰山地势险峻，山峰高耸入云，蜿蜒起伏，给人一种雄伟壮观的感受。主峰玉皇顶海拔1,545米，是泰山的最高峰，周围山脉起伏如龙脊，构成了泰山独特的山脉景观。
2. 奇特的岩石景观：泰山地质复杂，岩石丰富多样，形成了许多奇特的岩石景观。著名的岩石如千年石、方孔石、仙人石等。这些岩石形态各异，有的巨大如山，有的造型奇特，给人以无限遐想和震撼。
3. 美丽的日出和云海景观：泰山的日出景观令人叹为观止。每天清晨，当太阳从东方升起，晨曦透过云层洒在泰山之巅，形成金红色的光辉，将整个山峰映照得金碧辉煌。同时，泰山还经常出现云海景观，当云雾缭绕在山间，犹如仙境一般，美不胜收。
4. 丰富多样的植被：泰山植被繁茂，有茂密的森林和郁郁葱葱的松柏林。山腰到山顶分布着各种树木和野花，其中包括松树、柏树、槐树等。登山途中，可以欣赏到不同季节的花朵盛开和树木变幻的美丽景色，为登山者提供了一片自然的绿意。
5. 古老的文化遗产：泰山自古以来就是中国文化的重要象征，拥有丰富的历史和文化遗产。山上有孔庙、文昌阁、大汉画像石等众多古迹和文化景点。这些文化遗产见证了泰山的历史和文化底蕴，吸引着众多游客和文化爱好者前来探寻。

图 1-4　ChatGPT 更有逻辑性的回答

1.1.4　拓宽ChatGPT的思维

如果需要用 ChatGPT 来做创意、项目，以及策划类的方案，可以在提问时加上关键词“What are some alternative perspectives？”(有哪些可以考虑的角度)，可以瞬间拓宽 ChatGPT 的思维广度。

例如，在 ChatGPT 中输入“请描写一段‘美丽的日落场景’”，ChatGPT 的回答如图 1-5 所示，整体内容比较平铺直叙。

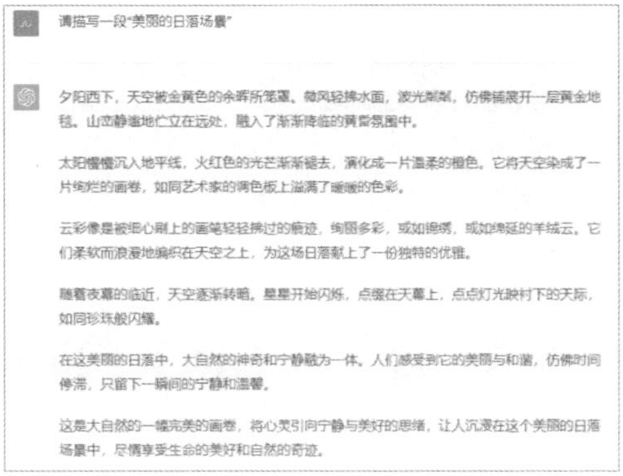

请描写一段“美丽的日落场景”

夕阳西下，天空被金黄色的余晖所笼罩。微风轻拂水面，波光粼粼，仿佛铺展开一层黄金地毯。山峦静谧地伫立在远处，融入了渐渐降临的黄昏氛围中。

太阳慢慢沉入地平线，火红色的光芒渐渐褪去，演化成一片温柔的橙色。它将天空染成了一片绚烂的画卷，如同艺术家的调色板上溢满了暖暖的色彩。

云彩像是被细心刷上的画笔轻轻拂过的痕迹，绚丽多彩，或如锦绣，或如绵延的羊绒云。它们柔软而浪漫地编织在天空之上，为这场日落献上了一份独特的优雅。

随着夜幕的临近，天空逐渐转暗。星星开始闪烁，点缀在天幕上，点点灯光映衬下的天际，如同珍珠般闪耀。

在这美丽的日落中，大自然的神奇和宁静融为一体。人们感受到它的美丽与和谐，仿佛时间停滞，只留下一瞬间的宁静和温馨。

这是大自然的一幅完美的画卷，将心灵引向宁静与美好的思绪，让人沉浸在这个美丽的日落场景中，尽情享受生命的美好和自然的奇迹。

图 1-5　ChatGPT 的回答

此时，可以再次提问“请描写一段‘美丽的日落场景’What are some alternative perspectives？”ChatGPT 会从不同的观点和角度来回答该问题，为用户提供更多的思路和帮助，如图 1-6 所示。

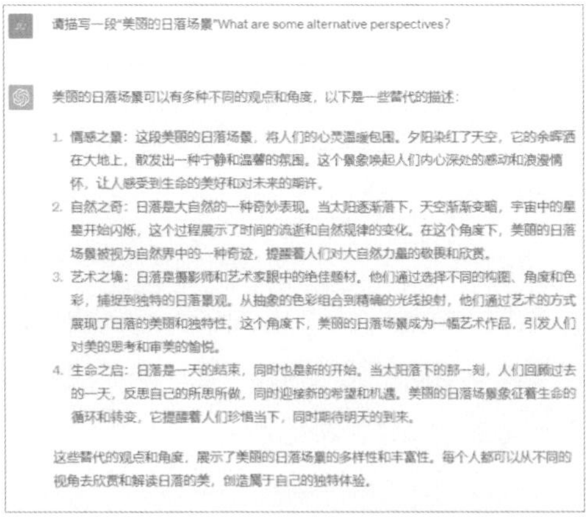

请描写一段“美丽的日落场景”What are some alternative perspectives?

美丽的日落场景可以有多种不同的观点和角度，以下是一些替代的描述：

1. 情感之景：这段美丽的日落场景，将人们的心灵温暖包围。夕阳染红了天空，它的余晖洒在大地上，散发出一种宁静和温馨的氛围。这个景象唤起人们内心深处的感动和浪漫情怀，让人感受到生命的美好和对未来的期许。
2. 自然之奇：日落是大自然的一种奇妙表现。当太阳逐渐落下，天空渐渐变暗，宇宙中的星星开始闪烁，这个过程展示了时间的流逝和自然规律的变化。在这个角度下，美丽的日落场景被视为自然界中的一种奇迹，提醒着人们对大自然力量的敬畏和欣赏。
3. 艺术之境：日落是摄影师和艺术家眼中的绝佳题材。他们通过选择不同的构图、角度和色彩，捕捉到独特的日落景观。从抽象的色彩组合到精确的光线投射，他们通过艺术的方式展现了日落的美丽和独特性。这个角度下，美丽的日落场景成为一幅艺术作品，引发人们对美的思考和审美的愉悦。
4. 生命之启：日落是一天的结束，同时也是新的开始。当太阳落下的那一刻，人们回顾过去的一天，反思自己的所思所做，同时迎接新的希望和机遇。美丽的日落场景象征着生命的循环和转变，它提醒着人们珍惜当下，同时期待明天的到来。

这些替代的观点和角度，展示了美丽的日落场景的多样性和丰富性。每个人都可以从不同的视角去欣赏和解读日落的美，创造属于自己的独特体验。

图 1-6　ChatGPT 从不同的观点和角度回答问题

1.1.5　给ChatGPT身份定义

在提问的时候，用户可以给 ChatGPT 身份定义，同时描述问题的背景，甚至可以让 ChatGPT 向用户提问，从而给出更加具体的场景。

例如，在 ChatGPT 中输入"你是一位有着 10 年工作经验的摄影师，你需要帮助我写一篇 300 字的人像摄影教程。在你给出答案前，可以问我一些关于人像摄影的问题"，ChatGPT 的回答如图 1-7 所示。

图 1-7　ChatGPT 关于摄影问题的回答

可以看到，ChatGPT 一共提出了 4 个问题，接下来一一进行回答，ChatGPT 即可生成更符合用户需求的内容，如图 1-8 所示。

图 1-8　ChatGPT 生成更符合用户需求的内容

1.2　用 ChatGPT 生成 AI 摄影关键词

AI 摄影是 AI 绘画中的一种内容创作形式，写关键词是比较重要的一步，如果关键词描述得不太准确，得到的图片结果就不会太精准。有些用户常常不知道如何描述对象，写关键词的时候会浪费许多时间，此时可以把"画面描述"这个任务交给 ChatGPT 来完成，灵活使用 ChatGPT 生成 AI 摄影关键词，就可以完美解决"词穷"的问题。本节主要介绍使用 ChatGPT 生成 AI 摄影关键词的技巧。

1.2.1 通过直接提问获取关键词

在 AI 摄影中，关键词是一段文字或一幅简要的示意图，用于向 AI 模型提供创作的起点或灵感。关键词通常描述了期望的照片主题、风格、要素或情感等方面的信息，它的目的是引导 AI 模型在生成照片时遵循特定的方向。

扫码看视频

写好关键词对于 AI 摄影创作至关重要，因为它可以影响生成作品的风格、内容和整体效果。一个好的关键词能够激发 AI 模型的创造力，并帮助 AI 模型准确理解用户的意图，以便更好地生成符合预期的艺术作品。

关键词可以是简单的文字描述，如"沙滩上的日落景色"，或者是一张草图或图片，用于提供更具体的视觉指导。通过不同类型的关键词，用户可以探索不同的创作方向，如风格化的插画、写实的风景绘画或抽象的艺术作品等。

用户在生成 AI 摄影作品时，如果不知道如何写关键词，可以直接向 ChatGPT 提问，让它帮你描绘出需要的画面和场景关键词，具体操作方法如下。

01 在 ChatGPT 中输入"请以关键词的形式，描写貂蝉的相貌特点"。这里 ChatGPT 给出的回答已经比较详细了，其中有许多关键词可以使用，比如容颜如花、柔美的气质、身材纤细窈窕、灵动的眼眸、娴静和端庄的风度、高贵和上品的气质、瓜子脸、柳叶眉、樱唇等，如图 1-9 所示。

图 1-9　ChatGPT 对于人物相貌的描写

02 如果你需要更细致地描述人物的面部特点，可以再次输入"形容的再细致点，主要是面部特点"。此时 ChatGPT 将对人物的面部特点再次进行细致描述，又可以得到许多关键词，如图 1-10 所示。这就是直接向 ChatGPT 提问获取关键词的方法。

图 1-10　ChatGPT 对于人物面部的描写

我们可以将在 ChatGPT 中获取的关键词翻译为英文，并通过 Midjourney 生成相应的图片效果，如图 1-11 所示。本书第 2 章将对 Midjourney 的 AI 绘画操作进行详细介绍，大家可以参考。

图 1-11　在 Midjourney 中生成的图片效果

专家提醒

在使用 AI 绘画工具时，用户可以通过编写和调整关键词来引导 AI 生成符合自己需求和偏好的艺术作品。关键词的设计可以使用户更有参与感，同时也能够影响 AI 模型输出的创意和风格。

Diao Chan, one of the ancient Chinese beauties, Her appearance is like a flower, her gentle temperament, her slender and graceful figure, her agile eyes, a calm and dignified atmosphere, her noble and top-notch temperament, her melon face, willow eyebrows, and cherry lips --ar 3:4

扫码看视频

1.2.2　通过多次对话获取关键词

ChatGPT 是一个功能强大的智能聊天机器人，用户可以通过不断与它对话，得到自己想要的 AI 摄影关键词。下面以"沙漠风光"为例，为大家讲解如何通过多次对话获取 AI 摄影关键词，具体操作方法如下。

01　在 ChatGPT 中输入"请根据我给你的 idea(想法)，详细描述一个富有创意的画面，然后使用逗号分隔描述里的修饰词，并把描述翻译成英文。idea：沙漠风光"，ChatGPT 给出了许多文案信息，并翻译成了英文，如图 1-12 所示。

请根据我给你的idea，详细描述一个富有创意的画面，然后使用逗号分隔描述里的修饰词，并把描述翻译成英文。idea：沙漠风光

在一片广阔而寂静的沙漠中央，悠闲地漂浮着一朵巨大而华丽的紫色气球。巨型气球的表面覆盖着精致的金色花纹，闪烁着旧日的余晖，它似乎是一座宫殿的悬空版本，散发着神秘而诱人的魅力。

沙漠周围弥漫着淡淡的橙色，微风吹拂着沙丘的皱纹，形成一道道美妙的流线。这些沙丘如沉睡的巨兽，静静地躺在沙漠的怀抱中。沙丘上的沙粒在光线下闪烁，仿佛是无数颗闪烁的宝石。

在远处，夕阳逐渐沉入地平线，创造出壮观的橙红色天幕。天空中depicts漫着一抹深深蓝色，星星是点点的繁星在黑夜中闪烁，似乎在默默诉说着沙漠的秘密。

最后，一群自由翱翔的雄鹰在空中划过，它们的翅膀展开，仿佛在跳跃的烈马上翩翩起舞，它们在夕阳的映衬下，宛如一幅灵动的画作，将沙漠的神奇与自由完美地融合在一起。

Translation:
In the center of a vast and silent desert, a gigantic and magnificent purple hot air balloon floats leisurely. The surface of the balloon is adorned with delicate golden patterns, shimmering with the lingering sunlight. It appears to be a suspended version of a palace, exuding a mysterious and enticing charm.

A subtle shade of orange permeates the surroundings of the desert, as a gentle breeze caresses the wrinkles of the sand dunes, creating wondrous contours. These dunes resemble slumbering behemoths, lying silently in the embrace of the desert. The grains of sand on the dunes sparkle in the light, resembling countless shimmering gemstones.

In the distance, the sun gradually sinks into the horizon, creating a spectacular orange-red canopy. A hint of deep blue fills the sky, while stars twinkle and tell the secrets of the desert in the silent night.

Finally, a group of free-soaring eagles glides through the air. Their wings outstretched, they dance upon the back of galloping stallions. Illuminated by the setting sun, they resemble a lively painting, seamlessly merging the wonders and freedom of the desert.

图 1-12　ChatGPT 给出的文案信息

02 ChatGPT 给出的文案信息过多、内容太长，我们希望它能将语言精简一些。此时可以再次输入"简短一些，仅保留关键词，并使用逗号将关键词隔开，翻译成英语"，这次 ChatGPT 的回答结果精简了很多，并翻译成了英文，如图 1-13 所示。

图 1-13　ChatGPT 的回答结果更加精简

03 复制这段英文关键词，在 Midjourney 中调用 imagine(想象) 指令，将关键词粘贴到 prompt(提示) 输入框中，如图 1-14 所示。

图 1-14　将关键词粘贴到 prompt 输入框中

04 按 Enter 键确认，Midjourney 生成 4 张对应的图片，效果如图 1-15 所示。注意，即使是相同的关键词，Midjourney 每次生成的图片效果也不一样。

图 1-15　Midjourney 生成 4 张对应的图片效果

1.2.3　通过表格整理关键词内容

用户在与 ChatGPT 进行对话的时候，还可以通过表格的形式生成需要的关键词内容。下面介绍通过表格区分中、英文关键词的具体操作方法。

扫码看视频

01 在 ChatGPT 中输入"一张照片的画面构思分几个部分，尽量全面且详细，用表格回答"，ChatGPT 将以表格的形式给出回答，如图 1-16 所示。

图 1-16　ChatGPT 以表格的形式给出回答

02 继续向 ChatGPT 提问，让它给出具体的关键词。在 ChatGPT 中输入"有哪些主题类别，请用表格回答，中英文对照"，ChatGPT 给出了许多主题的类别，并有中文和英文对照，如图 1-17 所示，从这些回答中可以提取关键词信息。

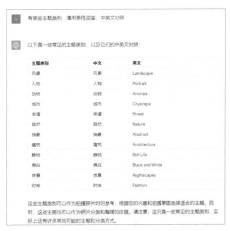

图 1-17　ChatGPT 给出了许多主题的类别

03 在 ChatGPT 中继续输入"光线有哪些来源，请用表格回答，中英文对照"，ChatGPT 将会给出光线来源的相关回答，如图 1-18 所示。

另外，用户还可以继续向 ChatGPT 提问，如针对构图、色彩、背景，以及风格等提出具体的细节，提问越具体，ChatGPT 的回答越精准，生成的关键词也就越多。

图 1-18　ChatGPT 给出光线来源的相关回答

本章小结

　　本章主要介绍了 ChatGPT 的基本用法和生成 AI 摄影关键词的操作方法，具体内容包括在关键词中指定具体的数字、掌握正确的 ChatGPT 提问方法、提升 ChatGPT 的内容逻辑性、拓宽 ChatGPT 的思维、给 ChatGPT 身份定义、通过直接提问获取关键词、通过多次对话获取关键词、通过表格整理关键词等。通过本章的学习，希望读者能够更好地使用 ChatGPT 生成 AI 摄影关键词。

课后习题

　　为了使读者更好地掌握本章所学知识，下面将通过课后习题帮助读者进行简单的知识回顾和补充。

　　1. 用 ChatGPT 生成一段关于海景风光的 AI 摄影关键词。

　　2. 用 ChatGPT 生成一段关于高楼建筑的 AI 摄影关键词。

第 2 章
AI 照片生成：用 Midjourney 绘制作品

  Midjourney 是一个通过人工智能技术进行绘画创作的工具，用户可以在其中输入文字、图片等提示内容，让 AI 机器人（即 AI 模型）自动创作出符合要求的绘画作品。本章主要介绍使用 Midjourney 进行 AI 绘画的基本操作方法，帮助读者掌握 AI 摄影的核心技巧。

2.1 Midjourney 的 AI 绘画技巧

使用 Midjourney 生成 AI 摄影作品非常简单，具体取决于用户使用的关键词。当然，如果用户要生成高质量的 AI 摄影作品，则需要大量训练 AI 模型和深入了解艺术设计的相关知识。本节将介绍一些 Midjourney 的 AI 绘画技巧，帮助大家快速掌握生成 AI 摄影作品的基本操作方法。

2.1.1 基本绘画指令

在使用 Midjourney 进行 AI 绘画时，用户可以使用各种指令与 Discord 平台上的 Midjourney Bot（机器人）进行交互，从而告诉它想要获得一张什么样的效果图片。Midjourney 的指令主要用于创建图像、更改默认设置，以及执行其他任务。表 2-1 为 Midjourney 中的基本绘画指令。

表 2-1　Midjourney 中的基本绘画指令

指　令	描　述
/ask（问）	得到一个问题的答案
/blend（混合）	轻松地将两张图片混合在一起
/daily_theme（每日主题）	切换 #daily-theme 频道更新的通知
/docs（文档）	在 Midjourney Discord 官方服务器中使用，可快速生成指向本用户指南中涵盖的主题链接
/describe（描述）	根据用户上传的图像编写 4 个示例提示词
/faq（常问问题）	在 Midjourney Discord 官方服务器中使用，将快速生成一个链接，指向热门 prompt 技巧频道的常见问题解答
/fast（快速）	切换到快速模式
/help（帮助）	显示 Midjourney Bot 有关的基本信息和操作提示
/imagine（想象）	使用关键词或提示词生成图像
/info（信息）	查看有关用户的账号及任何排队（或正在运行）的作业信息
/stealth（隐身）	专业计划订阅用户可以通过该指令切换到隐身模式
/public（公共）	专业计划订阅用户可以通过该指令切换到公共模式
/subscribe（订阅）	为用户的账号页面生成个人链接
/settings（设置）	查看和调整 Midjourney Bot 的设置

（续表）

指　令	描　述
/prefer option（偏好选项）	创建或管理自定义选项
/prefer option list（偏好选项列表）	查看用户当前的自定义选项
/prefer suffix（喜欢后缀）	指定要添加到每个提示词末尾的后缀
/show（展示）	使用图像作业 ID（identity document，账号）在 Discord 平台中重新生成作业
/relax（放松）	切换到放松模式
/remix（混音）	切换到混音模式

2.1.2　以文生图

Midjourney 主要使用 imagine 指令和关键词等文字内容来完成 AI 绘画操作，尽量输入英文关键词。注意，AI 模型对于英文单词的首字母大小写格式没有要求，但要注意关键词之间须添加一个逗号（英文字体格式）或空格。下面介绍在 Midjourney 中以文生图的具体操作方法。

扫码看视频

01　在 Midjourney 下面的输入框内输入 /（正斜杠符号），在弹出的列表框中选择 imagine 指令，如图 2-1 所示。

图 2-1　选择 imagine 指令

02　在 imagine 指令后方的输入框中，输入关键词"a little dog playing on the grass"（一只在草地上玩耍的小狗），如图 2-2 所示。

图 2-2　输入关键词

03 按 Enter 键确认，即可看到 Midjourney Bot 开始工作了，并显示图片的生成进度，如图 2-3 所示。

04 稍等片刻，Midjourney 生成 4 张对应的图片，单击 V3 按钮，如图 2-4 所示。V 按钮的功能是以所选的图片样式为模板重新生成 4 张图片。

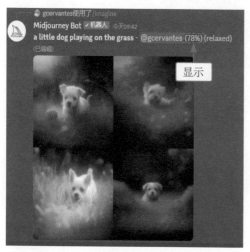

图 2-3 显示图片的生成进度

图 2-4 单击 V3 按钮

05 执行操作后，Midjourney 将以第 3 张图片为模板，重新生成 4 张图片，如图 2-5 所示。

06 如果用户依然对重新生成的图片不满意，可以单击 🔄（重做）按钮，如图 2-6 所示。

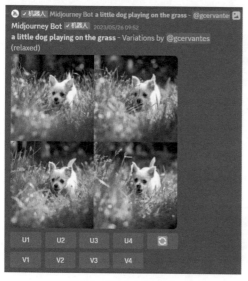

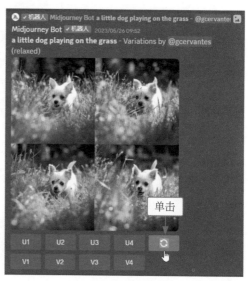

图 2-5 重新生成 4 张图片

图 2-6 单击重做按钮

07 执行操作后，Midjourney 会再次生成 4 张图片，单击 U2 按钮，如图 2-7 所示。

08　执行操作后，Midjourney 将在第 2 张图片的基础上进行更加精细的刻画，并放大图片效果，如图 2-8 所示。

图 2-7　单击 U2 按钮

图 2-8　放大图片效果

专家提醒

　　Midjourney 生成的图片效果下方的 U 按钮表示放大选中图片的细节，可以生成单张的大图效果。如果用户对于 4 张图片中的某张图片感到满意，可以使用 U1 ～ U4 按钮进行选择并生成大图效果，否则 4 张图片是拼在一起的。

09　单击 Make Variations(做出变更) 按钮，将以该张图片为模板，重新生成 4 张图片，如图 2-9 所示。

10　单击 U3 按钮，放大第 3 张图片效果，如图 2-10 所示。

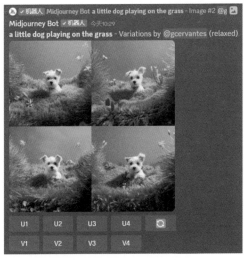

图 2-9　重新生成 4 张图片

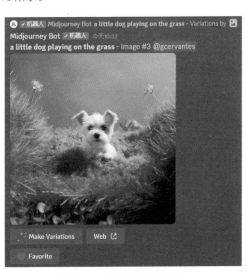

图 2-10　放大第 3 张图片效果

2.1.3　以图生图

在 Midjourney 中，用户可以使用 describe 指令获取图片的提示，然后根据提示内容和图片链接生成类似的图片，这个过程称之为以图生图，也称为"垫图"。需要注意的是，提示就是关键词或指令的统称，网上大部分用户也将其称为"咒语"。下面介绍在 Midjourney 中以图生图的具体操作方法。

01 在 Midjourney 下面的输入框内输入 /，在弹出的列表框中选择 describe 指令，如图 2-11 所示。

02 执行操作后，单击上传按钮 ，如图 2-12 所示。

图 2-11　选择 describe 指令

图 2-12　单击上传按钮

03 在弹出的"打开"对话框中，选择相应图片，如图 2-13 所示。

04 单击"打开"按钮，将图片添加到 Midjourney 的输入框中，如图 2-14 所示，按两次 Enter 键确认。

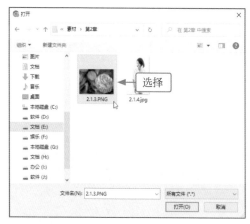

图 2-13　选择图片

图 2-14　添加图片到 Midjourney 的输入框中

05 执行操作后，Midjourney 会根据用户上传的图片生成 4 段提示词，如图 2-15 所示。用户可以通过复制提示词或单击下面的 1 ~ 4 按钮，以该图片为模板生成新的图片效果。

06 单击生成的图片，在弹出的预览图中单击鼠标右键，在弹出的快捷菜单中选择"复制图片地址"选项，如图 2-16 所示，复制图片链接。

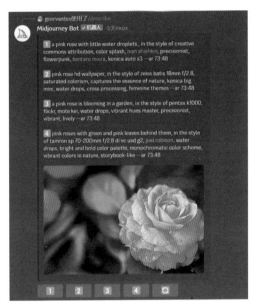

图 2-15　生成 4 段提示词

图 2-16　选择"复制图片地址"选项

07 执行操作后，在图片下方单击 1 按钮，如图 2-17 所示。

08 弹出 Imagine This!（想象一下！）对话框，在 PROMPT 文本框中的关键词前面粘贴复制的图片链接，如图 2-18 所示。注意，图片链接和关键词中间要添加一个空格。

图 2-17　单击 1 按钮

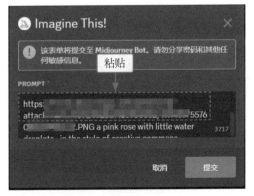

图 2-18　粘贴复制的图片链接

09 单击"提交"按钮，即可以参考图为模板生成 4 张图片，如图 2-19 所示。

10 单击 U1 按钮，放大第 1 张图片，效果如图 2-20 所示。

图 2-19　生成 4 张图片

图 2-20　放大第 1 张图片效果

2.1.4　混合生图

在 Midjourney 中，用户可以使用 blend 指令快速上传 2～5 张图片，然后查看每张图片的特征，并将它们混合并生成一张新的图片。下面介绍利用 Midjourney 进行混合生图的操作方法。

扫码看视频

01 在 Midjourney 下面的输入框内输入 /，在弹出的列表框中选择 blend 指令，如图 2-21 所示。

02 执行操作后，出现两个图片框，单击左侧的上传按钮 ，如图 2-22 所示。

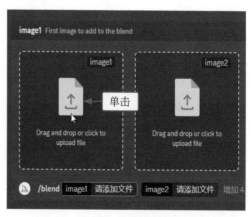

图 2-21　选择 blend 指令

图 2-22　单击上传按钮

03 执行操作后，弹出"打开"对话框，选择相应图片，如图 2-23 所示。

04 单击"打开"按钮，将图片添加到左侧的图片框中，并用同样的操作方法在右侧的图片框中添加一张图片，如图 2-24 所示。

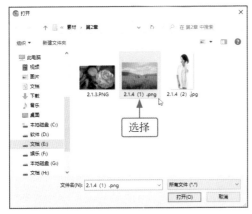

图 2-23　选择图片

图 2-24　添加两张图片

05 连续按两次 Enter 键，Midjourney 会自动完成图片的混合操作，并生成 4 张新的图片，这是没有添加任何关键词的效果，如图 2-25 所示。

06 单击 U1 按钮，放大第 1 张图片效果，如图 2-26 所示。

图 2-25　生成 4 张新的图片

图 2-26　放大第 1 张图片效果

2.1.5 可调整模式改图

使用 Midjourney 的可调整模式 (Remix mode) 可以更改关键词、参数、模型版本或变体之间的纵横比，让 AI 绘画变得更加灵活、多变，下面介绍具体的操作方法。

01 在 Midjourney 下面的输入框内输入 /，在弹出的列表框中选择 settings 指令，如图 2-27 所示。

02 按 Enter 键确认，即可调出 Midjourney 的设置面板，如图 2-28 所示。

图 2-27 选择 settings 指令

图 2-28 调出 Midjourney 的设置面板

💡
专家提醒

为了帮助读者更好地理解设置面板，下面将其中的内容翻译成中文，如图 2-29 所示。注意，直接翻译的英文无法完全概括面板的功能和含义，具体操作方法需要用户多加练习才能掌握。

03 在设置面板中，单击 Remix mode 按钮，如图 2-30 所示，即可开启可调整模式 (按钮显示为绿色)。

图 2-29 设置面板的中文翻译

图 2-30 单击 Remix mode 按钮

04 通过 imagine 指令输入相应的关键词，生成的图片效果，如图 2-31 所示。

05 单击 V4 按钮，弹出 Remix Prompt(可调整提示) 对话框，如图 2-32 所示。

图 2-31　生成的图片效果

图 2-32　Remix Prompt 对话框

06 尝试修改某个关键词，如将 red(红色) 改为 yellow(黄色)，如图 2-33 所示。

07 单击"提交"按钮，即可重新生成相应的图片，可以看到图中的红色汽车变成了黄色汽车，效果如图 2-34 所示。

图 2-33　修改某个关键词

图 2-34　重新生成的图片效果

2.1.6 AI一键换脸

InsightFaceSwap 是一款专门用于人像处理的 Discord 官方插件,它能够批量且精准地替换人物脸部,并且不会改变图片中的其他内容。下面介绍利用 InsightFaceSwap 协同 Midjourney 进行人像换脸的操作方法。

扫码看视频

01 在 Midjourney 下面的输入框内输入 /,在弹出的列表框中,单击左侧的 InsightFaceSwap 图标,如图 2-35 所示。

02 执行操作后,选择 saveid(保存 ID) 指令,如图 2-36 所示。

图 2-35　单击 InsightFaceSwap 图标

图 2-36　选择 saveid 指令

03 执行操作后,输入相应的 idname(身份名称),如图 2-37 所示。idname 可以为任意 8 位以内的英文字符和数字。

04 单击上传按钮,上传一张面部清晰的人物图片,如图 2-38 所示。

图 2-37　输入身份名称

图 2-38　上传一张人物图片

专家提醒

要使用 InsightFaceSwap 插件,用户需要先邀请 InsightFaceSwap Bot 到自己的服务器中,具体的邀请链接可以通过百度搜索。

另外,用户可以使用 /listid(列表 ID) 指令列出目前注册的所有 idname,注意总数不能超过 10 个。同时,用户可以使用 /delid(删除 ID) 指令和 /delall(删除所有 ID) 指令来删除 idname。

05 按 Enter 键确认，即可成功创建 idname，如图 2-39 所示。

06 使用 imagine 指令生成人物肖像图片，并放大其中一张图片，效果如图 2-40 所示。

图 2-39　成功创建 idname

图 2-40　放大图片效果

07 在大图上单击鼠标右键，在弹出的快捷菜单中选择 APP(应用程序)| INSwapper(替换目标图像的面部) 选项，如图 2-41 所示。

08 执行操作后，InsightFaceSwap 即可替换人物面部，效果如图 2-42 所示。

图 2-41　选择 INSwapper 选项

图 2-42　替换人物面部效果

09 用户也可以在 Midjourney 下面的输入框内输入 /，在弹出的列表框中选择 swapid 指令，如图 2-43 所示。

10 执行操作后，输入刚才创建的 idname，并上传想要替换人脸的底图，效果如图 2-44 所示。

图 2-43　选择 swapid 指令

图 2-44　上传想要替换人脸的底图

11 按 Enter 键确认，即可调用 InsightFaceSwap 机器人替换底图中的人脸，效果如图 2-45 所示。

图 2-45　替换人脸效果

2.2　Midjourney 的高级绘画设置

Midjourney 具有强大的 AI 绘画功能，用户可以通过各种指令和关键词来改变 AI 绘画的效果，生成更优秀的 AI 摄影作品。本节将介绍一些 Midjourney 的高级绘画设置，使用户在生成 AI 摄影作品时更加得心应手。

2.2.1　version(版本)

Midjourney 会经常进行版本 (version) 的更新，并结合用户的使用情况改进算法。从 2022 年 4 月至 2023 年 5 月，Midjourney 已经发布了 5 个版本，其中 version 5.1 是目前最新且效果最好的版本。

Midjourney 目前支持 version 1、version 2、version 3、version 4、version 5、version 5.1 等版本。用户可以通过在关键词后面添加 --version(或 --v) 1/2/3/4/5/5.1 来调用不同的版本。如果没有添加版本后缀参数，那么会默认使用最新的版本参数。

例如，在关键词的末尾添加 --v 4 指令，即可通过 version 4 生成相应的图片，效果如图 2-46 所示。可以看到，version 4 生成的图片画面的真实感比较差。

图 2-46　通过 version 4 生成的图片效果

下面使用相同的关键词，并将末尾的 --v4 指令改成 --v 5 指令，即可通过 version 5 生成相应的图片，效果如图 2-47 所示，画面真实感较强。

图 2-47　通过 version 5 生成的图片效果

2.2.2　Niji(模型)

Niji 是 Midjourney 和 Spellbrush 合作推出的一款专门生成动漫和二次元风格图片的 AI 模型，可通过在关键词后添加 --niji 指令来调用。使用图 2-46 中相同的关键词，在 Niji 模型中生成的效果会比 v5 模型更偏向动漫风格，效果如图 2-48 所示。

图 2-48　通过 Niji 模型生成的图片效果

2.2.3　aspect rations(横纵比)

aspect rations(横纵比) 指 令 用 于更改生成图像的宽高比，通常表示为冒号分割两个数字，比如 7:4 或者 4:3。注意，aspect rations 指令中的冒号为英文字体格式，且数字必须为整数。Midjourney 的默认宽高比为 1:1，效果如图 2-49 所示。

图 2-49　默认宽高比效果

用户可以在关键词后面添加 --aspect 指令或 --ar 指令指定图片的横纵比。例如，使用图 2-49 中相同的关键词，结尾处加上 --ar 3:4 指令，即可生成相应尺寸的竖图，效果如图 2-50 所示。需要注意的是，在图片生成或放大的过程中，最终输出的尺寸效果可能会略有修改。

图 2-50　生成尺寸为 3:4 的图片效果

2.2.4　chaos(混乱)

在 Midjourney 中使用 --chaos(简写为 --c) 指令，可以影响图片生成结果的变化程度，能够激发 AI 模型的创造能力，值 (范围为 0 ~ 100，默认值为 0) 越大，AI 模型就越会有更多自己的想法。

在 Midjourney 中输入相同的关键词，较低的 --chaos 值具有更可靠的结果，生成的图片在风格、构图上比较相似，效果如图 2-51 所示；较高的 --chaos 值将产生更多不寻常和意想不到的结果和组合，生成的图片在风格、构图上的差异较大，效果如图 2-52 所示。

landscape, flowers, clouds, with distinct layers and rich colors, natural-light, hyper quality, panoramic, large-format, nature --chaos 10 --ar 16:9

图 2-51　较低的 --chaos 值生成的图片效果

landscape, flowers, clouds, with distinct layers and rich colors, natural-light, hyper quality, panoramic, large-format, nature --chaos 100 --ar 16:9

图 2-52　较高的 --chaos 值生成的图片效果

2.2.5　no(否定提示)

在关键词的末尾处加上 --no ×× 指令，可以让画面中不出现 ×× 内容。例如，在关键词后面添加 --no plants 指令，表示生成的图片中不要出现植物，效果如图 2-53 所示。

图 2-53　添加 --no plants 指令生成的图片效果

专家提醒

用户可以使用 imagine 指令与 Discord 上的 Midjourney Bot 互动，该指令用于以简短文本说明（即关键词）生成唯一的图片。Midjourney Bot 最适合使用简短的句子来描述用户想要看到的内容，避免过长的关键词。

2.2.6　quality(生成质量)

在关键词后面加 --quality(简写为 --q) 指令，可以改变图片生成的质量，不过高质量的图片需要更长的时间来处理细节。更高的质量意味着每次生成耗费的 GPU (graphics processing unit，图形处理器) 分钟数也会增加。

例如，通过 imagine 指令输入相应关键词，并在关键词结尾处加上 --quality.25 指令，即可以最快的速度生成最不详细的图片效果，可以看到花朵的细节变得非常模糊，如图 2-54

所示。

图 2-54 最不详细的图片效果

通过 imagine 指令输入相同的关键词，并在关键词结尾处加上 --quality.5 指令，即可生成不太详细的图片效果，如图 2-55 所示，同不使用 --quality 指令时的结果差不多。

图 2-55 不太详细的图片效果

继续通过 imagine 指令输入相同的关键词，并在关键词的结尾处加上 --quality 1 指令，即可生成有更多细节的图片效果，如图 2-56 所示。

图 2-56　有更多细节的图片效果

专家提醒

需要注意的是，不是越高的 --quality 值就越好，有时较低的 --quality 值也可以产生更好的效果，这取决于用户对作品的要求。例如，较低的 --quality 值比较适合绘制抽象主义风格的画作。

2.2.7　seed(种子)

在使用 Midjourney 生成图片时，会有一个从模糊的"噪点"逐渐变得具体清晰的过程，而这个"噪点"的起点就是"种子"，即 seed，Midjourney 依靠它来创建一个"视觉噪音场"，作为生成初始图片的起点。

种子值是 Midjourney 为每张图片随机生成的，也可以使用 --seed 指令指定。在 Midjourney 中使用相同的种子值和关键词，将产生相同的出图结果，利用这一点我们可以生成连贯一致的人物形象或场景。下面介绍获取种子值的操作方法。

01 在 Midjourney 中生成相应的图片后，在该消息上方单击"添加反应"图标，如图 2-57 所示。

02 执行操作后，弹出一个"反应"对话框，如图 2-58 所示。

扫码看视频

图 2-57 单击"添加反应"图标

图 2-58 "反应"对话框

03 在"探索最适用的表情符号"文本框中，输入 envelope(信封)，并单击搜索结果中的信封图标，如图 2-59 所示。

04 执行操作后，Midjourney Bot 将会发送一条消息，单击 Midjourney Bot 图标，如图 2-60 所示。

图 2-59 单击信封图标

图 2-60 单击 Midjourney Bot 图标

05 执行操作后，即可看到 Midjourney Bot 发送的 Job ID(作业 ID) 和图片的种子值，如图 2-61 所示。

06 此时，我们可以对关键词进行适当修改，并在结尾处加上 --seed 指令，指令后面输入图片的种子值，然后生成新的图片，效果如图 2-62 所示。

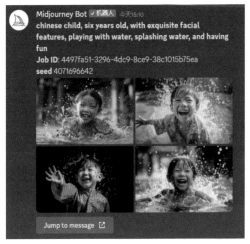

图 2-61　Midjourney Bot 发送的种子值

图 2-62　生成新的图片效果

2.2.8　stylize(风格化)

在 Midjourney 中使用 stylize 指令，可以让生成图片的风格更具艺术性。较低的 stylize 值生成的图片与关键词密切相关，但艺术性较差，效果如图 2-63 所示。

图 2-63　较低的 stylize 值生成的图片效果

较高的 stylize 值生成的图片非常有艺术性，但与关键词的关联性较低，AI 模型会有更自由的发挥空间，效果如图 2-64 所示。

图 2-64　较高的 stylize 值生成的图片效果

2.2.9　stop(停止)

在 Midjourney 中使用 stop 指令，可以停止正在进行的 AI 绘画作业，然后直接出图。如果用户没有使用 stop 指令，则默认的生成步数为 100，得到的图片结果是非常清晰、翔实的，效果如图 2-65 所示。

图 2-65　没有使用 stop 指令生成的图片效果

以此类推，使用 stop 指令停止渲染的时间越早，生成的步数就越少，生成的图像也就越模糊。图 2-66 为使用 --stop 50 指令生成的图片效果，50 代表步数。

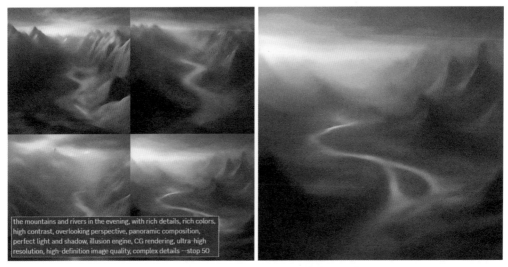

图 2-66　使用 stop 指令生成的图片效果

2.2.10　tile(重复磁贴)

在 Midjourney 中使用 tile 指令生成的图片可用作重复磁贴，生成一些重复、无缝的图案元素，如瓷砖、织物、壁纸和纹理等，效果如图 2-67 所示。

图 2-67　使用 tile 指令生成的重复磁贴图片效果

2.2.11 iw(图像权重)

在 Midjourney 中以图生图时，使用 iw 指令可以提升图像权重，即调整提示的图像（参考图）与文本部分（提示词）的重要程度。

用户使用的 iw 值（0.5 ~ 2）越大，表明上传的图片对输出的结果影响越大。注意，Midjourney 中指令的参数值如果为小数（整数部分是 0）时，只需加小数点即可，前面的 0 不用写。下面介绍 iw 指令的使用方法。

扫码看视频

01 在 Midjourney 中使用 describe 指令上传一张参考图，并生成相应的提示词，如图 2-68 所示。

02 单击生成的图片，在预览图中单击鼠标右键，在弹出的快捷菜单中选择"复制图片地址"选项，如图 2-69 所示，复制图片链接。

图 2-68　生成提示词

图 2-69　选择"复制图片地址"选项

03 调用 imagine 指令，将复制的图片链接和第 3 个提示词输入到 prompt 输入框中，并在后面输入 --iw 2 指令，如图 2-70 所示。

图 2-70　输入图片链接、提示词和指令

04 按 Enter 键确认，即可生成与参考图的风格极其相似的图片效果，如图 2-71 所示。

05 单击 U1 按钮，生成第 1 张图的大图效果，如图 2-72 所示。

图 2-71　生成与参考图相似的图片效果　　　　　　图 2-72　生成第 1 张图的大图效果

2.2.12　prefer option set(首选项设置)

在通过 Midjourney 进行 AI 绘画时，我们可以使用 prefer option set 指令，将一些常用的关键词保存在一个标签中，这样每次绘画时就不用重复输入一些相同的关键词。下面介绍 prefer option set 指令的使用方法。

扫码看视频

01 在 Midjourney 下面的输入框内输入 /，在弹出的列表框中选择 prefer option set 指令，如图 2-73 所示。

02 执行操作后，在 option(选项) 文本框中输入相应名称，如 AIZP，如图 2-74 所示。

图 2-73　选择 prefer option set 指令

图 2-74　输入名称

03 执行操作后，单击"增加 1"按钮，在上方的"选项"列表框中选择 value(参数值)选项，如图2-75所示。

图 2-75　选择 value 选项

04 执行操作后，在 value 输入框中输入关键词，如图 2-76 所示。这里的关键词就是我们要添加的一些固定的指令。

图 2-76　输入关键词

05 按 Enter 键确认，即可将上述关键词储存到 Midjourney 的服务器中，如图 2-77 所示，从而为这些关键词打上统一的标签，标签名称就是 AIZP。

图 2-77　储存关键词

06 在 Midjourney 中通过 imagine 指令输入相应的关键词，主要用于描述主体，如图 2-78 所示。

07 在关键词的后面添加一个空格，并输入 --AIZP 指令，即可调用 AIZP 标签，如图 2-79 所示。

图 2-78　输入描述主体的关键词

08 按 Enter 键确认，生成相应的图片，效果如图 2-80 所示。可以看到，Midjourney 在绘画时会自动添加 AIZP 标签中的关键词。

09 单击 U1 按钮，放大第 1 张图片，效果如图 2-81 所示。

图 2-79　输入 --AIZP 指令

图 2-80 生成图片

图 2-81 放大第 1 张图片效果

　　图 2-82 为第 1 张图的大图效果，这个画面展示了美丽的日落场景，并使用高对比度和丰富的色彩让画面更加生动，增强了观众的感官体验。

图 2-82 第 1 张图的大图效果

本章小结

本章主要为读者介绍了 Midjourney 的 AI 绘画技巧和高级绘画设置，如以文生图、以图生图、混合生图、可调整模式改图、AI 一键换脸等操作方法，以及 version、Niji、aspect rations、chaos、no、quality、seeds、stylize、stop、tile、iw、prefer option set 等 AI 绘画指令的用法。通过本章的学习，希望读者能够更好地掌握用 Midjourney 生成 AI 摄影作品的操作方法。

课后习题

为了使读者更好地掌握本章所学知识，下面将通过课后习题帮助读者进行简单的知识回顾和补充。

1. 使用 Midjourney 的 version 5.1 版本生成一张人物照片。

2. 使用 Midjourney 生成一张 stylize 值为 360 的风景照片。

第 3 章
专业摄影指令：成就优秀的 AI 摄影师

　　在使用 AI 绘画工具时，用户需要输入一些与所要绘制画面相关的关键词或短语，以帮助 AI 模型更好地定位主体和激发创意。本章将介绍一些 AI 摄影绘画常用的指令，帮助大家快速创作出高质量的照片效果。

3.1　AI 摄影的相机型号指令

在传统摄影中，相机扮演着至关重要的角色，它是"捕捉瞬间的工具、记录时间的眼睛"。相机可以通过镜头的聚焦和光圈的控制，捕捉到真实世界或创造出想象世界的画面。

我们在 AI 摄影绘画中，也要运用一些相机型号指令来模拟相机拍摄的画面效果，让照片给观众带来更加真实的视觉感受。在 AI 摄影绘画中添加相机型号指令，能够让 AI 摄影作品更加多样化、更加精彩，给用户带来更大的创作空间。

3.1.1　全画幅相机

全画幅相机 (full-frame digital SLR camera) 是一种具备与 35mm 胶片尺寸相当的图像传感器的相机，它的图像传感器尺寸较大，通常为 36mm×24mm，可以捕捉更多的光线和细节，效果如图 3-1 所示。

在 AI 摄影中，全画幅相机的关键词有：Nikon D850、Canon EOS 5D Mark IV、Sony α 7R IV、Canon EOS R5、Sony α 9 II。注意，这些关键词都是品牌相机型号，没有对应中文解释，英文单词的首字母大小写也没有要求。

图 3-1　模拟全画幅相机生成的照片效果

3.1.2　APS-C相机

APS-C(advanced photo system classic) 相机，是指使用 APS-C 尺寸图像传感器的相机，图像传感器的尺寸通常为22.2mm×14.8mm（佳能）或23.6mm×15.6mm（尼康、索尼）等。

相对于全画幅相机来说，APS-C 相机具有焦距倍增效应和更深的景深效果，适合于远距离拍摄和需要更大景深的摄影领域，效果如图 3-2 所示。

图 3-2　模拟 APS-C 相机生成的照片效果

在 AI 摄影中，APS-C 相机的关键词有：Canon EOS 90D、Nikon D500、Sony α6500、FUJIFILM X-T4、PENTAX K-3 III。

3.1.3　胶片相机

胶片相机 (film camera) 是一种使用胶片作为感光介质的相机，相比于数字相机使用的电子图像传感器，胶片相机通过曝光在胶片上记录图像。胶片相机拍摄的照片通常具有细腻的色彩和纹理，能够呈现出独特的风格和质感，效果如图 3-3 所示。

在 AI 摄影中，胶片相机的关键词有：Leica M7、Nikon F6、Canon EOS-1V、PENTAX 645N II、Contax G2。用户在使用相机关键词时，可以添加一些辅助词，如 shooting（拍摄）、style（风格）等，让 AI 模型更容易理解。

a girl is standing next to a tree, in the style of
japanese photography, vintage vibe, rinpa school,
spontaneous gesture, street scene, Pentax 645NII
style, film style, dark green and light gray --ar 16:9

图 3-3 模拟胶片相机生成的照片效果

3.1.4 便携式数码相机

便携式数码相机 (portable digital camera) 即俗称的"傻瓜相机",它是一种小型、轻便且易于携带的数码相机,通常具有小型图像传感器和固定镜头,满足日常、旅行拍摄和便捷摄影的需求,效果如图 3-4 所示。

asia young couples, a guy and girl hugging in front of a
ocean, in the style of Panasonic Lumix DMC-ZS50, seaside
vistas, point-and-shoot, light sky-blue background,
romantic manga, kawaii aesthetic, uhd image --ar 16:9

图 3-4 模拟便携式数码相机生成的照片效果

　　在 AI 摄影中，便携式数码相机的关键词有：Sony Cyber-shot DSC-W800、Canon PowerShot SX620 HS、Nikon COOLPIX A1000、Panasonic Lumix DMC-ZS50、FUJIFILM FinePix XP140。

　　便携式数码相机类关键词适合生成街头摄影、旅行摄影等类型的照片，可以让 AI 模型更好地描绘出瞬间的画面细节。

3.1.5　运动相机

　　运动相机 (action camera) 是一种特殊设计的用于记录运动和极限活动的相机，通常具有紧凑、坚固和防水的外壳，能够在各种极端环境下使用，并捕捉高速运动的瞬间，效果如图 3-5 所示。

图 3-5　模拟运动相机生成的照片效果

　　在 AI 摄影中，运动相机的关键词有：GoPro Hero 9 Black、DJI Osmo Action、Sony RX0 II、Insta360 ONE R、Garmin VIRB Ultra 30。

　　运动相机类关键词适合生成各种户外运动场景的照片，如冲浪、滑雪、自行车骑行、跳伞、赛车等惊险刺激的瞬间画面，可以让观众更加身临其境地感受到运动者的视角和动作。

3.2 AI 摄影的相机设置指令

相机设置对于摄影起着非常关键的作用，如光圈、快门速度、白平衡等的设置，不仅决定了照片的亮度和清晰度，还会影响照片的色彩准确性和整体氛围，而镜头焦距则决定了视角和透视感。

本节主要介绍一些能够影响 AI 模型生成照片效果的相机设置指令，如光圈、焦距、景深、曝光、背景虚化、镜头光晕等，帮助用户用 AI 摄影实现自己的创意并绘制出优秀的作品。

3.2.1 光圈

光圈（aperture）是指相机镜头的光圈孔径大小，它主要用来控制镜头的进光量，影响照片的亮度和景深效果。例如，大光圈（光圈参数值偏小，如 f/1.8）会产生浅景深效果，使主体清晰而背景模糊，效果如图 3-6 所示。

图 3-6　模拟大光圈生成的照片效果

在 AI 摄影中，常用的光圈关键词有：Canon EF 50mm f/1.8 STM、Nikon AF-S NIKKOR 85mm f/1.8G、Sony FE 85mm f/1.8、zeiss otus 85mm f/1.4 APO planar T*、Canon EF 135mm f/2L usm、Samyang 14mm f/2.8 IF ED UMC Aspherical、sigma 35mm F/1.4 DG HSM 等。

另外，用户可以在关键词的前面添加辅助词 in the style of（采用 ×× 风格），或在后面添加辅助词 art（艺术），有助于 AI 模型更好地理解关键词。

专家提醒

　　AI 模型使用的是机器语言，因此英文关键词的首字母大小写格式不用统一，对 AI 模型没有任何影响，用户可以根据自己的习惯输入关键词。甚至在某些情况下，关键词中英文单词之间即使没有加空格或逗号，AI 模型也能够识别和理解这些单词，因此用户即使遗漏了某些空格也无须重新操作。

　　用户在写关键词时，应重点考虑各个关键词的排列顺序，因为前面的关键词会有更高的图像权重，也就是说越靠前的关键词对于出图效果的影响越大。

3.2.2　焦距

　　焦距（focal length）是指镜头的光学属性，表示从镜头到成像平面的距离，它会对照片的视角和放大倍率产生影响。例如，35mm 是一种常见的标准焦距，视角接近人眼所见，适用于生成人像、风景、街拍等 AI 摄影作品，效果如图 3-7 所示。

　　在 AI 摄影中，其他的

图 3-7　模拟 35mm 焦距生成的照片效果

焦距关键词还有：24mm 焦距，这是一种广角焦距，适合风光摄影、建筑摄影等；50mm 焦距，具有类似人眼视角的特点，适合人像摄影、风光摄影、产品摄影等；85mm 焦距，这是一种中长焦距，适合人像摄影，能够产生良好的背景虚化效果，突出主体；200mm 焦距，这是一种长焦距，适用于野生动物摄影、体育赛事摄影等。

3.2.3 景深

景深（depth of field）是指画面中的清晰范围，即在一个图像中前景和背景的清晰度，它受到光圈、焦距、拍摄距离和图像传感器大小等因素的影响。例如，浅景深可以使主体清晰而背景模糊，从而突出主体并营造出艺术感，效果如图 3-8 所示。

图 3-8　模拟浅景深生成的照片效果

在 AI 摄影中，常用的景深关键词有：shallow depth of field（浅景深）、deep depth of field（深景深）、focus range（焦距范围）、blurred background（模糊的背景）、bokeh（焦外成像）。

用户还可以在关键词中加入一些焦距、光圈等参数，如 petzval 85mm f/2.2、Tokina opera 50mm f/1.4 FF 等，增加景深控制的图像权重。注意，通常只有在生成浅景深效果的照片时，才会特意添加景深关键词。

3.2.4 曝光

曝光（exposure）是指相机在拍摄过程中接收到的光线量，它由快门速度、光圈大小和感光度 3 个要素共同决定，曝光可以影响照片的整体氛围和情感表达。正确的曝光可以保证照片具有适当的亮度，使主体和细节清晰可见。

在 AI 摄影中，常用的曝光关键词有：shutter speed（快门速度）、aperture（光圈）、ISO（感光度）、exposure compensation（曝光补偿）、metering（测光）、overexposure（过曝）、underexposure（欠曝）、bracketing（包围曝光）、light meter（光度计）。

例如，在生成雾景照片时，可以添加 overexposure、exposure compensation +1EV（exposure values +1，曝光值增一档）等关键词，确保主体和细节在雾气环境中得到恰当的曝光，使主体在雾气中更明亮、更清晰，效果如图 3-9 所示。

图 3-9 模拟雾景曝光生成的照片效果

3.2.5 背景虚化

背景虚化（background blur）类似于浅景深，是指使主体清晰而背景模糊的画面效果，同样需要通过控制光圈大小、焦距和拍摄距离来实现。背景虚化可以使画面中的背景不再与主体竞争注意力，从而让主体更加突出，效果如图 3-10 所示。

在 AI 摄影中，常用的背景虚化关键词有：bokeh（背景虚化效果）、blurred background（模糊的背景）、point focusing（点对焦）、focal length（焦距）、distance（距离）。

图 3-10　模拟背景虚化生成的照片效果

3.2.6　镜头光晕

　　镜头光晕 (lens flare) 是指在摄影中由光线直接射入相机镜头造成的光斑、光晕效果，它是由于光线在镜头内部反射、散射和干涉而产生的光影现象，可以营造出特定的氛围和增强影调的层次感，效果如图 3-11 所示。

图 3-11　模拟镜头光晕生成的照片效果

在 AI 摄影中，常用的镜头光晕关键词有：lens flares（镜头光斑）、selective focus（选择性聚焦）、glistening（闪闪发光的）、dappled（有斑点的）、light source（光源）、aperture（光圈）、lens coating（镜头镀膜）。

3.3 AI 摄影的镜头类型指令

不同的镜头类型具有各自的特点和用途，它们为摄影师提供了丰富的创作选择。在 AI 摄影中，用户可以根据主题和创作需求，添加合适的镜头类型指令来表达自己的视觉语言。

3.3.1 标准镜头

标准镜头（standard lens）也称为正常镜头或中焦镜头，通常指焦距为 35mm ～ 50mm 的镜头，能够以自然、真实的方式呈现被摄主体，使画面具有较为真实的感觉，效果如图 3-12 所示。

a young girl wearing a white dress is walking on a street, in the style of chinapunk, realistic yet romantic, light white and light pink, Tamron SP 45mm f/1.8 Di VC USD, heatwave, street scene --ar 3:4

图 3-12 模拟标准镜头生成的照片效果

在 AI 摄影中，常用的标准镜头关键词有：Nikon AF-S NIKKOR 50mm f/1.8G、Sony FE 50mm f/1.8、Sigma 35mm f/1.4 DG HSM Art、Tamron SP 45mm f/1.8 Di VC USD。

标准镜头类关键词适用于多种 AI 摄影题材，如人像摄影、风光摄影、街拍摄影等，它是一种通用的镜头选择。

3.3.2　广角镜头

广角镜头 (wide angle lens) 是指焦距较短的镜头，通常小于标准镜头，它具有广阔的视角和大景深，能够让照片更具震撼力和视觉冲击力，效果如图 3-13 所示。

在 AI 摄影中，常用的广角镜头关键词有：Canon EF 16-35mm f/2.8L III USM、Nikon AF-S NIKKOR 14-24mm f/2.8G ED、Sony FE 16-35mm f/2.8 GM、Sigma 14-24mm f/2.8 DG HSM Art。

图 3-13　模拟广角镜头生成的照片效果

3.3.3　长焦镜头

长焦镜头 (telephoto lens) 是指具有较长焦距的镜头，它提供了更窄的视角和较高的放大倍率，能够拍摄远距离的主体或捕捉画面细节。

在 AI 摄影中，常用的长焦镜头关键词有：Nikon AF-S NIKKOR 70-200mm f/2.8E FL ED VR、Canon EF 70-200mm f/2.8L IS III USM、Sony FE 70-200mm f/2.8 GM OSS、Sigma 150-600mm f/5-6.3 DG OS HSM Contemporary。

使用长焦镜头关键词可以压缩画面景深，拍摄远处的风景，呈现出独特的视觉效果，如图 3-14 所示。

the sun and the reeds are in the background of this shot, in the style of nikon d850, Nikon AF-S NIKKOR 70-200mm f/2.8E FL ED VR, sparkling water reflections, tranquil serenity, orange and black, water and land fusion, time-lapse photography, lens flares --ar 16:9

图 3-14　模拟长焦镜头生成的风景照片效果

　　另外，在生成野生动物或鸟类等 AI 摄影作品时，使用长焦镜头关键词还能够将远距离的主体拉近，捕捉到丰富的细节，效果如图 3-15 所示。

a pheasant with its wings spread flying over water, in the style of vivid color scheme, Sigma 150-600mm f/5-6.3 DG OS HSM Contemporary, 32k uhd, telephoto, vibrant color combinations, eye-catching detail --ar 3:2

图 3-15　模拟长焦镜头生成的鸟类照片效果

3.3.4 微距镜头

微距镜头 (macro lens) 是一种专门用于拍摄近距离主体的镜头，如昆虫、花朵、食物和小型产品等拍摄对象，能够展示出主体微小的细节和纹理，呈现出令人惊叹的画面效果，如图 3-16 所示。

图 3-16　模拟微距镜头生成的照片效果

在 AI 摄影中，常用的微距镜头关键词有：Canon EF 100mm f/2.8L Macro IS USM、Nikon AF-S VR Micro-Nikkor 105mm f/2.8G IF-ED、Sony FE 90mm f/2.8 Macro G OSS、Sigma 105mm f/2.8 DG DN Macro Art。

3.3.5 鱼眼镜头

鱼眼镜头 (fisheye lens) 是一种具有极广视角和强烈畸变效果的特殊镜头，它可以捕捉到约 180° 甚至更大的视野范围，呈现出独特的圆形或弯曲的景象，效果如图 3-17 所示。

在 AI 摄影中，常用的鱼眼镜头关键词有：Canon EF 8-15mm f/4L Fisheye USM、Nikon AF-S Fisheye NIKKOR 8-15mm f/3.5-4.5E ED、Sigma 15mm f/2.8 EX DG Diagonal Fisheye、Sony FE 12-24mm f/4G。

图 3-17　模拟鱼眼镜头生成的照片效果

　　鱼眼镜头的关键词适用于生成宽阔的风景、城市街道、室内空间等 AI 摄影作品，能够将更多的环境纳入画面中，并创造出非常夸张和有趣的透视效果。

3.3.6　全景镜头

　　全景镜头 (panoramic lens) 是一种具有极宽广视野范围的特殊镜头，它可以捕捉到水平方向上更多的景象，从而将大型主体的全貌完整地展现出来，让观众有身临其境的感觉，效果如图 3-18 所示。

图 3-18　模拟全景镜头生成的照片效果

在 AI 摄影中，常用的全景镜头关键词有：Canon EF 11-24mm f/4L USM、Tamron SP 15-30mm f/2.8 DI VC USD G2、Samyang 12 mm f/2.0 NCS CS、Sigma 14mm f/1.8 DG HSM Art、Fujifilm XF 8-16mm F2.8 R LM WR。

3.3.7 折返镜头

折返镜头 (mirror lens) 包含了一个内置的反光镜系统，可以使光线在相机内部折返，从而实现较长的焦距和较小的镜头体积。

由于折返镜头具有较长的焦距，因此非常适合拍摄远距离的主体，如野生动物、体育赛事、花卉等，效果如图 3-19 所示。

在 AI 摄影中，常用的折返镜头关键词有：Canon EF 400mm f/4 DO IS II USM、Nikon AF-S NIKKOR 300mm f/4E PF ED VR。

折返镜头关键词不仅可以打造出主体清晰的浅景深效果，而且使得背景模糊，光斑也更加突出，营造出柔和、梦幻的画面效果，增加照片的艺术感，还可以增加照片的色彩饱和度和对比度，使画面更加生动、鲜明。

a flower in the water with some light spot in it, in the style of Nikon AF-S NIKKOR 300mm f/4E PF ED VR, mirror lens, tranquil gardenscapes, light-filled, photograph as material, light magenta and indigo --ar 3:4

图 3-19 模拟折返镜头生成的照片效果

3.3.8　超广角镜头

超广角镜头 (super wide angle lens) 是指对角线视角为 80° ~ 110° 左右的镜头，具有非常宽广的视野范围和极短的焦距，能够捕捉到更宽广的场景，效果如图 3-20 所示。

beautiful glacier peaks are reflected in the water, in the style of golden hues, impressive panoramas, in the style of photo-realistic landscapes, spectacular backdrops, vivid and saturated colors, Tokina AT-X 11-20mm f/2.8 PRO DX Super wide angle lens --ar 16:9

图 3-20　模拟超广角镜头生成的照片效果

在 AI 摄影中，常用的超广角镜头关键词有：Tamron 17-35mm f/2.8-4 Di OSD、Tokina AT-X 11-20mm f/2.8 PRO DX、Laowa 12mm f/2.8 Zero-D、Samyang Rokinon 14mm f/2.8 AF。

> **专家提醒**
>
> 对于近距离的主体，使用超广角镜头关键词能够营造出夸张的透视效果，使前景和背景之间的距离更加突出，呈现出独特的视觉冲击力。

3.3.9　远摄镜头

远摄镜头 (telephoto lens) 又称望远镜头或远距型镜头，能够捕捉到远处的主体，使其在照片中显得更大、更清晰，效果如图 3-21 所示。

在 AI 摄影中，常用的远摄镜头关键词有：Nikon AF-S NIKKOR 200-500mm f/5.6E ED VR、Sony FE 100-400mm f/4.5-5.6 GM OSS。

图 3-21　模拟远摄镜头生成的照片效果

　　远摄镜头关键词适用于生成野生动物摄影、体育比赛摄影、航空摄影等需要远距离观察和捕捉的场景。

本章小结

　　本章主要为读者介绍了 AI 摄影绘画的专业摄影指令，具体内容包括相机型号指令，如全画幅相机、APS-C 相机、胶片相机等，相机设置指令，如光圈、焦距、景深、曝光等，镜头类型指令，如标准镜头、广角镜头、长焦镜头、微距镜头等。通过本章的学习，希望读者能够更好地用 AI 绘画工具生成专业的摄影作品效果。

课后习题

　　为了使读者更好地掌握本章所学知识，下面将通过课后习题帮助读者进行简单的知识回顾和补充。

　　1. 使用 Midjourney 生成一张类似运动相机拍摄的照片效果。

　　2. 使用 Midjourney 生成一张类似超广角镜头拍摄的照片效果。

第 4 章

画面构图指令：绘出绝美的 AI 摄影作品

　　构图是传统摄影创作中不可或缺的部分，它主要通过有意识地安排画面中的视觉元素来增强照片的感染力和吸引力。在 AI 摄影中使用构图关键词，同样能够增强画面的视觉效果，传达出独特的意义。

4.1　AI 摄影的构图视角

在 AI 摄影中，构图视角是指镜头位置与拍摄主体之间的角度，合适的构图视角，可以增强画面的吸引力和表现力，为照片带来极佳的观赏效果。本节主要介绍 4 种控制 AI 摄影构图视角的方式，帮助大家生成不同视角的照片效果。

4.1.1　正面视角

正面视角 (front view) 也称为正视图，是指将主体对象置于镜头前方，使其正面朝向观众。这种构图方式的拍摄角度与被摄主体平行，并且尽量以主体正面为主要展现区域，效果如图 4-1 所示。

图 4-1　正面视角效果

在 AI 摄影中，使用关键词 front view 可以呈现出被摄主体最清晰、最直接的形态，表达出来的内容和情感相对真实而有力，很多人都喜欢使用这种方式来刻画人物的神情、姿态等，或呈现产品的外观形态，以达到更亲切的效果。

4.1.2　背面视角

背面视角 (back view) 也称为后视图，是指将镜头置于主体对象后方，从其背后拍摄的一种构图方式，适合于强调被摄主体的背面形态和对其情感表达的场景，效果如图 4-2 所示。

在 AI 摄影中，使用关键词 back view 可以突出被摄主体的背面轮廓和形态，并且能够展示出不同的视觉效果，营造出神秘、悬疑或引人遐想的氛围感。

图 4-2　背面视角效果

4.1.3　侧面视角

侧面视角分为左侧视角 (left side view) 和右侧视角 (right side view) 两种角度。左侧视角是指将镜头置于主体对象的左侧，常用于展现人物的神态和姿态，或突出左侧轮廓中有特殊含义的场景，效果如图 4-3 所示。

在 AI 摄影中，使用关键词 left side view 可以刻画出被拍摄主体左侧面的形态特点，并且能够表达出某种特殊的情绪、性格和感觉，给观众带来一种开阔、自然的视觉感受。

图 4-3　左侧面视角效果

右侧视角是指将镜头置于主体对象的右侧，强调右侧的信息和特征，或突出右侧轮廓中有特殊含义的场景，效果如图 4-4 所示。

图 4-4　右侧面视角效果

在 AI 摄影中，使用关键词 right side view 可以强调主体右侧的细节或整体效果，制造出视觉上的对比和平衡，增强照片的艺术感和吸引力。

4.1.4　斜侧面视角

斜侧面视角是指从一个物体或场景的斜侧方向进行拍摄，它与正面或侧面视角相比，能够呈现出更大的视觉冲击力。斜侧面视角可以给照片带来一种动态感，并增强主体的立体感和层次感，效果如图 4-5 所示。

斜侧面视角的关键词有：45° shooting(45° 角拍摄)、0.75 left view(3/4 左侧视角)、0.75 left back view(3/4 左后侧视角)、0.75 right view(3/4 右侧视角)、0.75 right back view(3/4 右后侧视角)。

a beautiful asian girl wearing a white dress sitting on the edge of a path, 0.75 left back view, in the style of soft pastel skies, sony fe 12-24mm f/2.8 gm, light yellow and light red, romantic floral motifs, strong contrast between light and dark, back button focus --ar 4:3

a beautiful asian girl in a sailor dress in trees, 45° shooting, 0.75 left view, in the style of snapshot aesthetic, light black and red, 35mm film , romantic academia, light navy and black, --ar 4:3

图 4-5　斜侧面视角效果

4.2 AI 摄影的镜头景别

摄影中的镜头景别通常是指主体对象与镜头的距离，表现出来的效果是主体在画面中的大小，如远景、全景、中景、近景、特写等。

在 AI 摄影中，合理地使用镜头景别关键词可以实现更好的画面效果，并在一定程度上突出主体对象的特征和情感，以表达出用户想要传达的主题和意境。

4.2.1 远景

远景（wide angle）又称为广角视野，是指以较远的距离拍摄某个场景或大环境，呈现出广阔的视野和大范围的画面效果，如图 4-6 所示。

several people at the beach at sunset, in the style of rural china, wide angle, hallyu, industrial landscapes, orange, environmentally inspired, ricoh r1 –ar 16:9

图 4-6 远景效果

在 AI 摄影中，使用关键词 wide angle 能够将人物、建筑或其他元素与周围环境相融合，突出场景的宏伟壮观和自然风貌。另外，wide angle 还可以表现出人与环境之间的关系，以及起到烘托氛围和衬托主体的作用，使得整个画面更富有层次感。

4.2.2　全景

全景 (full shot) 是指将整个主体对象完整地展现于画面中，可以使观众更好地了解主体的形态和特点，并进一步感受到主体的气质与风貌，效果如图 4-7 所示。

图 4-7　全景效果

在 AI 摄影中，使用关键词 full shot 可以更好地表达被摄主体的自然状态、姿态和大小，将其完整地呈现出来。同时，full shot 还可以作为补充元素，用于烘托氛围和强化主题，以及更加生动、具体地表达主体对象的情感和心理变化。

4.2.3　中景

中景 (medium shot) 是指将人物主体的上半身（通常为膝盖以上）呈现在画面中，使主体更加突出，可以展示出一定程度的背景环境，效果如图 4-8 所示。中景景别的特点是以表现某一事物的主要部分为中心，常常以动作情节取胜，环境表现则被降到次要地位。

在 AI 摄影中，使用关键词 medium shot 可以将主体完全填充于画面中，使得观众更容易与主体产生共鸣，同时可以创造出更加真实、自然且具有文艺性的画面效果，为照片注入生命力。

图 4-8　中景效果

4.2.4　近景

近景 (medium close up) 是指将人物主体的头部和肩部（通常为胸部以上）完整地展现于画面中，能够突出人物的面部表情和细节特点，效果如图 4-9 所示。

图 4-9　近景效果

在 AI 摄影中，使用关键词 medium close up 能够很好地表现出人物主体的情感细节，具体包含两个方面：首先，通过利用近景可以突出人物面部的细节特点，如表情、眼神、嘴唇等，进一步反映出人物的内心世界和情感状态；其次，近景还可以为观众提供更丰富的信息，帮助他们更准确地了解到主体所处的具体场景和环境。

4.2.5　特写

特写（close up）是指将主体对象的某个部位或细节放大呈现于画面中，强调其重要性和细节特点，如人物的头部，效果如图 4-10 所示。

图 4-10　特写效果

在 AI 摄影中，使用关键词 close up 可以加强特定元素的表达效果，将观众的视线集中到主体对象的某个部位上，让观众感受到强烈的视觉冲击和产生情感共鸣。

另外，还有一种超特写（extreme close up）景别，它是指将主体对象的极小部位放大呈现于画面中，适用于表述主体的最细微部分或某些特殊效果，如图 4-11 所示。在 AI 摄影中，使用关键词 extreme close up 可以更有效地突出画面主体，增强视觉效果，同时可以更为直观地传达观众想要了解的信息。

a bee is sitting on the blue flower, in the style of light amber and beige, shallow depth of field, extreme close up, light violet and light red, matte photo, creative commons attribution, uhd image --ar 4:3

图 4-11　超特写效果

4.3　AI 摄影的构图法则

构图是指在摄影创作中，通过调整视角、摆放被摄对象和控制画面元素等复合技术手段来塑造画面效果的艺术表现形式。在 AI 摄影中，通过运用各种构图关键词，可以让主体对象呈现出最佳的视觉表达效果，进而营造合适的气氛与风格。

4.3.1　前景构图

前景构图 (foreground) 是指通过前景元素来强化主体的视觉效果，以产生一种具有视觉冲击力和艺术感的画面效果，如图 4-12 所示。前景通常是指相对靠近镜头的物体，背景 (background) 则是指位于主体后方且远离镜头的物体或环境。

在 AI 摄影中，使用关键词 foreground 可以丰富画面的层次感，并且能够让画面变得更为生动、有趣，在某些情况下还可以用来引导视线，更好地吸引观众的目光。

图 4-12　前景构图效果

4.3.2　对称构图

对称构图 (symmetry/mirrored) 是指将被摄对象平分成两个或多个相等的部分，在画面中形成左右对称、上下对称或者对角线对称等不同形式，从而产生一种平衡和富有美感的画面效果，如图 4-13 所示。

图 4-13　对称构图效果

在 AI 摄影中，使用关键词 symmetry/mirrored 可以创造出一种冷静、稳重、平衡和具有美学价值的对称视觉效果，能够给观众带来视觉上的舒适感和认可感，并强化他们对画面主体的印象和关注度。

4.3.3 框架构图

框架构图 (framing) 是指通过在画面中增加一个或多个"边框"，将主体对象锁定在其中，营造出富有层次感、优美而出众的视觉效果，可以更好地表现画面的魅力，如图 4-14 所示。

图 4-14 框架构图效果

在 AI 摄影中，关键词 framing 可以结合多种"边框"共同使用，如树枝、山体、花草等物体自然形成的边框，或者窄小的通道、建筑物、窗户、阳台、桥洞、隧道等人工制造出来的边框。

4.3.4 中心构图

中心构图 (center the composition) 是指将主体对象放置于画面的正中央，使其尽可能地处于画面的对称轴上，从而让主体在画面中显得非常突出和集中，效果如图 4-15 所示。

在 AI 摄影中，使用关键词 center the composition 可以有效突出主体的形象和特征，适用于制作花卉、鸟类、宠物和人像等类型的照片。

orange flower with dark streaks in it, in the style of
mesmerizing optical illusions, center the composition,
uhd image --ar 16:9

图 4-15　中心构图效果

4.3.5　微距构图

微距构图（macro shot）是一种专门用于拍摄微小物体的构图方式，目的是尽可能展现主体的细节和纹理，以及赋予其更大的视觉冲击力，适用于制作花卉、小动物、美食或者生活中的小物品等类型的照片，效果如图 4-16 所示。

a snail crawling on top of moss, in the style of luminous
light effects, macro shot, ultraviolet photography, light
brown and light amber, in the style of realistic chiaroscuro
lighting, naturalistic poses, high quality photo --ar 16:9

图 4-16　微距构图效果

在 AI 摄影中，使用关键词 macro shot 可以大幅度地放大非常小的主体，展现细节和特征，包括纹理、线条、颜色、形状等，从而创造出一个独特且让人惊艳的视觉空间，更好地表现画面主体的神秘感、精致感和美感。

4.3.6　消失点构图

消失点构图 (vanishing point composition) 是指通过将画面中所有线条或物体延长向远处一个共同的点汇聚，这个点就称为消失点，可以表现出空间深度和高低错落的感觉，效果如图 4-17 所示。

图 4-17　消失点构图效果

在 AI 摄影中，使用关键词 vanishing point composition 能够增强画面的立体感，并通过塑造画面空间来提升视觉冲击力，适用于制作城市风光、建筑、道路、铁路、桥梁、隧道等类型的照片。

4.3.7　对角线构图

对角线构图 (diagonal composition) 是指利用物体、形状或线条的对角线来划分画面，并使得画面有更强的动感和层次感，效果如图 4-18 所示。

在 AI 摄影中，使用关键词 diagonal composition 可以将主体或关键元素沿着对角线放置，让画面在视觉上产生一种意想不到的张力，引起人们的注意力和兴趣。

图 4-18 对角线构图效果

4.3.8 引导线构图

引导线构图 (leading lines) 是指利用画面中的直线或曲线等元素来引导观众的视线，从而使画面更为有趣、形象和富有表现力，效果如图 4-19 所示。

图 4-19 引导线构图效果

在 AI 摄影中,关键词 leading lines 需要与照片场景中的道路、建筑、云朵、河流、桥梁等其他元素结合使用,从而巧妙地引导观众的视线,使其逐渐从画面的一端移动到另一端,并最终停留在主体上或者浏览完整张照片。

4.3.9 三分法构图

三分法构图 (rule of thirds) 又称为三分线构图,是指将画面以横向或竖向平均分割成三个部分,并将主体或重点位置放置在这些划分线或交点上,可以有效提高照片的平衡感并突出主体,效果如图 4-20 所示。

图 4-20　三分法构图效果

在 AI 摄影中，使用关键词 rule of thirds 可以将画面主体平衡地放置在相应的位置上，实现视觉张力的均衡分配，从而更好地传达出画面的主题和情感。

4.3.10 斜线构图

斜线构图 (oblique line composition) 是一种利用对角线或斜线来组织画面元素的构图技巧，通过将线条倾斜放置在画面中，可以带来独特的视觉效果，并显得更有动感，效果如图 4-21 所示。

在 AI 摄影中，使用关键词 oblique line composition 可以在画面中创造一种自然而流畅的视觉导引，让观众的目光沿着线条的方向移动，从而引起观众对画面中特定区域的注意。

a red bridge over the river at night, light red and light gold, oblique line composition, coastal and harbor views, pentax k1000, 32k uhd, light navy and light gold, landscape photography, uhd image --ar 3:2

图 4-21 斜线构图效果

本章小结

本章主要为读者介绍了 AI 摄影的画面构图指令，具体内容包括 4 个 AI 摄影的构图视角关键词、5 个 AI 摄影的镜头景别关键词、10 个 AI 摄影的构图方式关键词。通过本章的学习，希望读者能够创作出构图精美的 AI 摄影作品。

课后习题

为了使读者更好地掌握本章所学知识，下面将通过课后习题帮助读者进行简单的知识回顾和补充。

1. 使用 Midjourney 生成一张正视图的人物近景照片。

2. 使用 Midjourney 生成一张对称构图的风景照片。

第 5 章
光线色调指令：让 AI 作品比照片还真实

　　光线与色调都是摄影中非常重要的元素，它们可以呈现出很强的视觉吸引力和情感表达效果，传达出作者想要表达的主题和情感。同样，在 AI 摄影中使用正确的与光线和色调相关的关键词，可以协助 AI 模型生成更富有表现力的照片效果。

5.1 AI 摄影的光线类型

在 AI 摄影中，合理地加入一些光线关键词，可以创造出不同的画面效果和氛围感，如阴影、明暗、立体感等。通过加入光源角度、强度等关键词，可以对画面主体进行突出或柔化处理，调整场景氛围，增强画面表现力。本节主要介绍 6 种 AI 摄影常用的光线类型。

5.1.1 顺光

顺光 (front lighting) 指的是主体被光线直接照亮的情况，也就是拍摄主体面朝着光源的方向。

在 AI 摄影中，使用关键词 front lighting 可以让画面主体看起来更加明亮、生动，轮廓线更加分明，具有立体感，能够把主体和背景隔离开来，增强画面的层次感，效果如图 5-1 所示。

图 5-1　顺光效果

此外，顺光还可以营造出一种充满活力和温暖的氛围。需要注意的是，如果阳光过于强烈或者角度不对，也可能会导致照片出现过曝或者阴影严重等问题，当然用户也可以在后期使用 Photoshop 对照片光影进行优化处理。

5.1.2　侧光

侧光（raking light）是指从侧面斜射的光线，通常用于强调主体对象的纹理和形态。

在 AI 摄影中，使用关键词 raking light 可以突出主体对象的表面细节和立体感，在强调细节的同时也会加强色彩的对比度和明暗反差效果。

对于人像类 AI 摄影作品来说，关键词 raking light 能够强化人物的面部轮廓，让五官更加立体，塑造出独特的气质和形象，效果如图 5-2 所示。

图 5-2　侧光效果

5.1.3　逆光

逆光（back light）是指从主体的后方照射过来的光线，在摄影中也称为背光。

在 AI 摄影中，使用关键词 back light 可以营造出强烈的视觉层次感和立体感，让物体轮廓更加分明、清晰，在生成人像类和风景类的照片时效果非常好。特别是在用 AI 模型绘制夕阳、日出、落日和水上反射等场景时，back light 能够产生剪影和色彩渐变，使画面产生极具艺术性的效果，如图 5-3 所示。

图 5-3　逆光效果

5.1.4　顶光

顶光 (top light) 是指从主体的上方垂直照射下来的光线，能够让主体的投影垂直显示在下面。关键词 top light 非常适合生成食品和饮料等 AI 摄影作品，可以增加视觉诱惑力，效果如图 5-4 所示。

图 5-4　顶光效果

5.1.5　边缘光

　　边缘光（edge light）是指从主体的侧面或者背面照射过来的光线，通常用于强调主体的形状和轮廓。

　　边缘光能够自然地定义主体和背景之间的边界，并增加画面的对比度，提升视觉效果。

　　在 AI 摄影中，使用关键词 edge light 可以突出目标物体的形态和立体感，适合用于生成人像和静物等类型的 AI 摄影作品，效果如图 5-5 所示。

a young asia girl dressed in a dress standing in front of a flower, in the style of ethereal and dreamlike atmosphere, fairy academia, natural light, edge light, light purple and sky-blue, candid moments captured, light white and light navy --ar 77:116

图 5-5　边缘光效果

　　需要注意的是，边缘光在强调主体轮廓的同时也会产生一定程度的剪影效果，因此需要注意光源角度的控制，避免光斑与阴影出现不协调的情况。

5.1.6　轮廓光

　　轮廓光（contour light）是指可以勾勒出主体轮廓线条的侧光或逆光，能够产生强烈的视觉张力和层次感，提升视觉效果。

　　在 AI 摄影中，使用关键词 contour light 可以使主体更清晰、生动且栩栩如生，增强照片的整体观赏效果，使其更加吸引观众的注意力，效果如图 5-6 所示。

图 5-6　轮廓光效果

5.2　AI 摄影的特殊光线

　　光线对于 AI 摄影来说非常重要,它能够营造出非常自然的氛围感和光影效果,凸显照片的主题特点,同时能够掩盖不足之处。因此,我们要掌握各种特殊光线关键词的用法,从而有效提升 AI 摄影作品的质量和艺术价值。本节介绍 10 种特殊的 AI 摄影光线关键词的使用方法,希望能够帮助大家做出更好的作品。

5.2.1　冷光

　　冷光 (cold light) 是指色温较高的光线,通常呈现出蓝色、白色等冷色调。

　　在 AI 摄影中,使用关键词 cold light 可以营造出寒冷、清新、高科技的画面感,并且能够突出主体对象的纹理和细节。例如,在用 AI 模型生成人像照片时,添加关键词 cold light 可以为画面中的人物赋予青春活力和时尚感,效果如图 5-7 所示。同时,该照片还使用了 in the style of soft(风格柔和)、light white and light blue(浅白色和浅蓝色) 等关键词来增强冷光效果。

图 5-7　冷光效果

5.2.2　暖光

暖光（warm light）是指色温较低的光线，通常呈现出黄、橙、红等暖色调。

在 AI 摄影中，使用关键词 warm light 可以营造出温馨、舒适、浪漫的画面感，并且能够突出主体对象的色彩和质感。例如，在用 AI 生成美食照片时，添加关键词 warm light 可以让食物的色彩变得更加诱人，效果如图 5-8 所示。

图 5-8　暖光效果

5.2.3 柔光

柔光 (soft light) 是指柔和、温暖的光线，是一种低对比度的光线类型。

在 AI 摄影中，使用关键词 soft light 可以产生自然、柔美的光影效果，渲染出照片主题的情感和氛围。例如，在使用 AI 模型生成人像照片时，添加关键词 soft light，可以营造出温暖、舒适的氛围感，还能弱化人物皮肤的毛孔、纹理等，使得人像显得更加柔和、美好，效果如图 5-9 所示。

a young chinese girl in white skirt and blouse posing with curtains, in the style of dreamlike portraiture, gossamer fabrics, fairycore, transparent/translucent medium, crisp and clean look, soft light, soft-focus technique, 32k uhd --ar 3:4

图 5-9　柔光效果

5.2.4 亮光

亮光 (bright top light) 是指明亮的光线，该关键词能够营造出强烈的光线效果，可以产生硬朗、直接的下落式阴影，效果如图 5-10 所示。

图 5-10　亮光效果

5.2.5　晨光

晨光 (morning light) 是指早晨日出时的光线，具有柔和、温暖、光影丰富的特点，可以产生非常独特和美妙的画面效果。晨光不会让人有光线强烈和刺眼的感觉，能够让主体对象更加自然、清晰，有层次感，也更容易表现出照片主题的情绪和氛围，如图 5-11 所示。

图 5-11　晨光效果

在 AI 摄影中，使用关键词 morning light 可以产生柔和的阴影和丰富的色彩变化，且不会产生太多硬直的阴影，常用于生成人像、风景等类型的照片。

5.2.6 太阳光

太阳光 (sun light) 是指来自太阳的自然光线，在摄影中也常被称为自然光 (natural light) 或日光 (daylight)。

在 AI 摄影中，使用关键词 sun light 可以给主体带来非常强烈、明亮的光线效果，也能够产生鲜明、生动、舒适、真实的色彩和阴影效果，如图 5-12 所示。

图 5-12 太阳光效果

5.2.7 黄金时段光

黄金时段光 (golden hour light) 是指在日落前或日出后一小时内的特殊阳光照射状态，也称为"金色时刻"，期间的阳光具有柔和、温暖且呈金黄色的特点。

在 AI 摄影中，使用关键词 golden hour light 能够使画面产生更多的金黄色和橙色的温暖色调，让主体对象看起来更加立体、自然和舒适，层次感也更丰富，效果如图 5-13 所示。

图 5-13　黄金时段光效果

5.2.8　立体光

立体光（volumetric light）是指穿过一定密度的物质（如尘埃、雾气、树叶、烟雾等）而形成的有体积感的光线。

在 AI 摄影中，使用关键词 volumetric light 可以营造出强烈的光影立体感，效果如图 5-14 所示。

图 5-14　立体光效果

5.2.9　赛博朋克光

赛博朋克光 (cyberpunk light) 是一种特定的光线类型，通常用于电影画面、摄影作品和艺术作品中，以呈现未来主义和科幻元素等风格。

在 AI 摄影中，可以运用关键词 cyberpunk light 呈现出高对比度、鲜艳的颜色和各种几何形状，从而增加照片的视觉冲击力和表现力，效果如图 5-15 所示。

图 5-15　赛博朋克光效果

专家提醒

cyberpunk 这个词源于 cybernetics(控制论) 和 punk(朋克摇滚乐)，两者结合表达了一种非正统的科技文化形态。

5.2.10　戏剧光

戏剧光 (dramatic light) 是一种营造戏剧化场景的光线类型，使用深色、阴影，以及高对比度的光影效果创造出强烈的情感冲击力，通常用于电影、电视剧和照片等艺术作品，用来表现戏剧效果和张力感。

在 AI 摄影中，可以运用关键词 dramatic light 使主体对象获得更加突出的效果，并且能够彰显主体的独特性与形象的感知性，效果如图 5-16 所示。

图 5-16　戏剧光效果

5.3　AI 摄影的流行色调

色调是指整个照片的颜色、亮度和对比度的组合，它是照片在后期处理中通过各种软件进行的色彩调整，从而使不同的颜色呈现出特定的效果和氛围感。

在 AI 摄影中，色调关键词的运用可以改变照片的情绪和气氛，增强照片的表现力和感染力。因此，用户可以通过运用不同的色调关键词来加强或抑制各种颜色的饱和度和明度，以便更好地传达照片的主题思想和主体特征。

5.3.1　亮丽橙色调

亮丽橙色调 (bright orange) 是一种明亮、高饱和度的色调。在 AI 摄影中，使用关键词 bright orange 可以营造出充满活力、兴奋和温暖的氛围感，常常用于强调画面中的特定区域或主体等元素。

亮丽橙色调常用于生成户外场景、阳光明媚的日落或日出、运动比赛等 AI 摄影作品，在这些场景中会有大量金黄色的元素，因此加入关键词 bright orange 会增加照片的立体感，并凸显画面瞬间的情感张力，效果如图 5-17 所示。

close up view of a yellow and orange rose, in the style of smooth and curved lines, bright orange, flickr, mesmerizing colorscapes, enchanting realms, national geographic photo, nikon s2 —ar 16:9

图 5-17　亮丽橙色调效果

在使用 bright orange 关键词生成图片时，需要尽量控制颜色的饱和度，以免画面颜色过于刺眼或浮夸，影响照片的整体效果。

5.3.2　自然绿色调

自然绿色调 (natural green) 具有柔和、温馨的特点，常用于生成自然风光或环境人像等 AI 摄影作品。

在 AI 摄影中，使用关键词 natural green 可以营造出大自然的感觉，令人联想到青草、森林或童年，效果如图 5-18 所示。

green trees in the sunlight, a photo of green leaves and green background with blurred background, in the style of precisionist lines and shapes, natural green, delicate —ar 16:9

图 5-18　自然绿色调效果

5.3.3　稳重蓝色调

稳重蓝色调（steady blue）可以营造出刚毅、坚定和高雅等视觉感受，适用于生成城市建筑、街道、科技场景等 AI 摄影作品。

在 AI 摄影中，使用关键词 steady blue 能够突出画面中的大型建筑、桥梁和城市景观，让画面看起来更加稳重和成熟，同时能够营造出高雅、精致的气质，使照片更具美感和艺术性，效果如图 5-19 所示。

图 5-19　稳重蓝色调效果

专家提醒

如果用户需要强调照片的某个特点（如构图、色调等），可以添加相关的关键词来重复描述，让 AI 模型在绘画时能够进一步突出这个特点。例如，在图 5-19 中，不仅添加了关键词 steady blue，而且使用了另一个关键词 blue and white glaze（蓝白釉），通过蓝色与白色的相互衬托，能够让照片更具吸引力。

5.3.4　糖果色调

糖果色调 (candy tone) 是一种鲜艳、明亮的色调，常用于营造轻松、欢快和甜美的氛围感。糖果色调主要是通过增加画面的饱和度和亮度，同时减少曝光度来达到柔和的画面效果，通常会给人一种青春跃动和甜美可爱的感觉。

在 AI 摄影中，关键词 candy tone 非常适合生成建筑、街景、儿童、食品、花卉等类型的照片。例如，在生成街景照片时，添加关键词 candy tone 能够产生一种童话世界般的感觉，色彩丰富又不刺眼，效果如图 5-20 所示。

图 5-20　糖果色调效果

5.3.5　枫叶红色调

枫叶红色调 (maple red) 是一种富有高级感和独特性的暖色调，能够强化画面中红色元素的视觉冲击力，常用于营造温暖、温馨、浪漫和优雅的气氛。

在 AI 摄影中，使用关键词 maple red 可以使画面充满活力与情感，适用于生成风景、肖像、建筑等类型的照片，表现出复古、温暖、甜美的氛围感，效果如图 5-21 所示。

图 5-21 枫叶红色调效果

5.3.6 霓虹色调

霓虹色调（neon shades）是一种非常亮丽和夸张的色调，尤其适用于生成城市建筑、潮流人像、音乐表演等 AI 摄影作品。

在 AI 摄影中，使用关键词 neon shades 可以营造时尚、前卫和奇特的氛围感，使画面极富视觉冲击力，从而给人留下深刻的印象，效果如图 5-22 所示。

图 5-22 霓虹色调效果

本章小结

本章主要为读者介绍了 AI 摄影中光影色调的相关基础知识，包括 6 种 AI 摄影的光线类型、10 种 AI 摄影的特殊光线、6 种 AI 摄影的流行色调。通过本章的学习，希望读者能够更好地掌握光影色调指令在 AI 摄影中的用法。

课后习题

为了使读者更好地掌握本章所学知识，下面将通过课后习题帮助读者进行简单的知识回顾和补充。

1. 使用 Midjourney 生成一张侧光人像照片。
2. 使用 Midjourney 生成一张亮丽橙色调的花卉照片。

第 6 章

风格渲染指令：令人惊艳的 AI 出图效果

AI 摄影中的艺术风格是指用户在通过 AI 绘画工具生成照片时，所表现出来的美学风格和个人创造性，它通常涵盖了构图、光线、色彩、题材、处理技巧等多种因素，以体现作品的独特视觉语言和作者的审美追求。

6.1　AI 摄影的艺术风格

艺术风格是指 AI 摄影作品中呈现出的独特、个性化的风格和审美表达方式，反映了作者对画面的理解、感知和表达。本节主要介绍 6 类 AI 摄影艺术风格，可以帮助大家更好地提升审美观，从而提高照片的品质和表现力。

6.1.1　抽象主义风格

抽象主义 (abstractionism) 是一种以形式、色彩为重点的摄影艺术风格，通过结合主体对象和环境中的构成、纹理、线条等元素进行创作，将原本真实的景象转化为抽象的图像，表现出一种突破传统审美习惯的风格，效果如图 6-1 所示。

a reflection of trees on water, with bright sunset lights in the background, abstractionism, in the style of kaleidoscopic, in the style of graphic symmetry, vibrant colors, flickr, photographic weavings, appropriated images, i can't believe how beautiful this is, graphic and symmetrical --ar 3:2

图 6-1　抽象主义风格照片效果

在 AI 摄影中，抽象主义风格的关键词包括：vibrant colors（鲜艳的色彩）、geometric shapes（几何形状）、abstract patterns（抽象图案）、motion and flow（运动和流动）、texture and layering（纹理和层次）。

6.1.2　纪实主义风格

纪实主义 (documentarianism) 是一种致力于展现真实生活、真实情感和真实经验的摄影艺术风格，它更加注重如实地描绘大自然和反映现实生活，探索被摄对象所处时代、社会、文化背景下的意义与价值，呈现出人们亲身体验并能够产生共鸣的生活场景和情感状态，效果如图 6-2 所示。

图 6-2　纪实主义风格照片效果

在 AI 摄影中，纪实主义风格的关键词包括：real life（真实生活）、natural light and real scenes（自然光线与真实场景）、hyper-realistic texture（超逼真的纹理）、precise details（精确的细节）、realistic still life（逼真的静物）、realistic portrait（逼真的肖像）、realistic landscape（逼真的风景）。

6.1.3　超现实主义风格

超现实主义 (surrealism) 是指一种挑战常规的摄影艺术风格，追求超越现实，呈现出理性和逻辑之外的景象和感受，效果如图 6-3 所示。超现实主义风格倡导通过摄影手段表达非显而易见的想象和情感，强调表现作者的心灵世界和审美态度。

图 6-3　超现实主义风格照片效果

在 AI 摄影中，超现实主义风格的关键词包括：dreamlike（梦幻般的）、surreal landscape（超现实的风景）、mysterious creatures（神秘的生物）、distorted reality（扭曲的现实）、surreal still objects（超现实的静态物体）。

专家提醒

　　超现实主义风格不拘泥于客观存在的对象和形式，而是试图反映人物的内在感受和情绪状态，这类 AI 摄影作品能够为观众带来前所未有的视觉冲击力。

6.1.4　极简主义风格

极简主义（minimalism）是一种强调简洁、减少冗余元素的摄影艺术风格，旨在通过精简的形式和结构来表现事物的本质和内在联系，在视觉上追求简约、干净和平静，画面也更加简洁而富有力量感，效果如图 6-4 所示。

图 6-4　极简主义风格照片效果

在 AI 摄影中，极简主义风格的关键词包括：simple（简单）、clean lines（简洁的线条）、minimalist colors（极简色彩）、negative space（负空间）、minimal still life（极简静物）。

6.1.5　印象主义风格

印象主义（impressionism）是一种强调情感表达和氛围感受的摄影艺术风格，通常选择柔和、温暖的色彩和光线，在构图时注重景深和镜头虚化等视觉效果，以创造出柔和、流动的画面感，效果如图 6-5 所示。

在 AI 摄影中，印象主义风格的关键词包括：blurred strokes（模糊的笔触）、painted light（彩绘光）、impressionist landscape（印象派风景）、soft colors（柔和的色彩）、impressionist portrait（印象派肖像）。

图 6-5　印象主义风格照片效果

6.1.6　街头摄影风格

街头摄影 (street photography) 是一种强调对社会生活和人文关怀的表达的摄影艺术风格，尤其侧重于捕捉日常生活中容易被忽视的人和事，效果如图 6-6 所示。街头摄影风格非常注重对现场光线、色彩和构图等元素的把握，追求真实的场景记录和情感表现。

在 AI 摄影中，街头摄影风格的关键词包括：urban landscape（城市风景）、street life（街头生活）、dynamic stories（动态故事）、street portraits（街头肖像）、high-speed shutter（高速快门）、street Sweeping Snap（扫街抓拍）。

图 6-6　街头摄影风格照片效果

6.2　AI 摄影的渲染品质

随着单反摄影、手机摄影的普及，以及社交媒体的发展，大众越来越重视照片的渲染品质，这对于传统的后期处理技术提出了更高的挑战，也推动了摄影技术的不断创新和进步。

渲染品质通常指的是照片呈现出来的某种效果，包括清晰度、颜色还原、对比度和阴影细节等，其主要目的是使照片看上去更加真实、生动、自然。在 AI 摄影中，我们也可以使用一些关键词来增强照片的渲染品质，进而提升 AI 摄影作品的艺术感和专业感。

6.2.1　摄影感

摄影感 (photography)，这个关键词在 AI 摄影中有非常重要的作用，它通过捕捉静止或运动的物体以及自然景观等表现形式，并通过模拟合适的光圈、快门速度、感光度等相机参数来控制 AI 模型的出图效果，如光影、清晰度和景深程度等。

图 6-7 为添加关键词 photography 生成的照片效果，照片中的亮部和暗部都能保持丰富的细节，并营造出强烈的光影效果。

swan with wings spread in water, in the style of golden light, backlit photography, photography, photojournalism, pentax k1000, creative commons attribution, romantic landscapes, 32k uhd, depictions of animals, white and indigo --ar 16:9

图 6-7　添加关键词 photography 生成的照片效果

6.2.2　C4D渲染器

C4D 渲染器 (C4D Renderer)，该关键词能够帮助用户创造出逼真的 CGI(computer-generated imagery，电脑绘图) 场景和角色，效果如图 6-8 所示。

anime girl dress in front of autumn leaves, in the style of intricate costumes, white and red, caninecore, colorful costumes, dark beige and white, uniformly staged images, fawncore, villagecore, C4D Renderer --ar 16:9

图 6-8　添加关键词 C4D Renderer 生成的照片效果

C4D Renderer 指的是 Cinema 4D 软件的渲染引擎，它是一种拥有多个渲染方式的三维图形制作软件，包括物理渲染、标准渲染及快速渲染等方式。在 AI 摄影中使用关键词 C4D Renderer，可以创建出非常逼真的三维模型、纹理和场景，并对画面进行定向光照、阴影、反射等效果的处理，从而打造出各种令人震撼的视觉效果。

6.2.3　虚幻引擎

虚幻引擎 (Unreal Engine)，该关键词主要用于虚拟场景的制作，可以让画面呈现出惊人的真实感，效果如图 6-9 所示。

Unreal Engine 能够创建高品质的三维图像和交互体验，并为游戏、影视和建筑等领域提供强大的实时渲染解决方案。在 AI 摄影中，使用关键词 Unreal Engine 可以在虚拟环境中创建各种场景和角色，从而实现高度还原真实世界的画面效果。

图 6-9 添加关键词 Unreal Engine 生成的照片效果

6.2.4 真实感

真实感 (Quixel Megascans Render)，该关键词可以突出三维场景的真实感，并添加各种细节元素，如地面、岩石、草木、道路、水体、服装等元素，效果如图 6-10 所示。

Quixel Megascans 是一个丰富的虚拟素材库，其中的材质、模型、纹理等资源非常逼真，能够帮助用户开发更具个性化的作品，提升 AI 摄影作品的真实感和艺术性。

图 6-10 添加关键词 Quixel Megascans Render 生成的照片效果

6.2.5 光线追踪

光线追踪 (Ray Tracing)，该关键词主要用于实现高质量的图像渲染和光影效果，让 AI 摄影作品的场景更逼真、材质细节表现得更好，从而令画面更加优美、自然，效果如图 6-11 所示。

Ray Tracing 是一种基于计算机图形学的渲染引擎，它可以在渲染场景的时候更为准确地模拟光线与物体之间的相互作用，从而创建更逼真的影像效果。

图 6-11　添加关键词 Ray Tracing 生成的照片效果

6.2.6　V-Ray渲染器

V-Ray 渲染器 (V-Ray Renderer)，该关键词可以在 AI 摄影中帮助用户实现高质量的图像渲染效果，将 AI 创建的虚拟场景和角色逼真地呈现出来，还可以减少画面噪点，让照片的细节更加完美，效果如图 6-12 所示。

an anime girl dressed up in a costume for cosplay, in the style of light white and light gold, celestialpunk, 32k uhd, detailed costumes, V-Ray Renderer, light purple and white, nature-inspired forms, eye-catching --ar 16:9

图 6-12　添加关键词 V-Ray Renderer 生成的照片效果

V-Ray Renderer 是一种高保真的 3D 渲染器，在光照、材质、阴影等方面都能达到非常逼真的效果，可以渲染出高品质的图像和动画。

6.3　AI 摄影的出图品质

通过添加辅助关键词，用户可以更好地指导 AI 模型生成符合自己期望的摄影作品，也可以提高 AI 模型的准确率和绘画质量。本节主要介绍一些 AI 摄影的出图品质关键词，帮助大家在生成照片时提升画质效果。

6.3.1　屡获殊荣的摄影作品

屡获殊荣的摄影作品 (award winning photography)，即获奖摄影作品，它是指在各种摄影比赛、展览或评选中获得奖项的摄影作品。通过在 AI 摄影作品的关键词中加入 award winning photography，可以让生成的照片更具艺术性、技术性和视觉冲击力，效果如图 6-13 所示。

图 6-13　添加关键词 award winning photography 生成的照片效果

6.3.2　超逼真的皮肤纹理

超逼真的皮肤纹理 (hyper realistic skin texture)，意思是高度逼真的肌肤质感。在 AI 摄影中，使用关键词 hyper realistic skin texture，能够表现出人物面部皮肤上的微小细节和纹理，从而使肌肤看起来更加真实和自然，效果如图 6-14 所示。

图 6-14　添加关键词 hyper realistic skin texture 生成的照片效果

6.3.3　电影/戏剧/史诗

电影 / 戏剧 / 史诗 (cinematic/dramatic/epic)，这组关键词主要用于指定照片的画面风格，能够提升照片的艺术价值和视觉冲击力。图 6-15 为添加关键词 cinematic 生成的照片效果。

a small boat floating in a lake at sunset, in the style of rural china, nikon d850, cinematic, charming, idyllic rural scenes, romantic: dramatic landscapes, light yellow and orange --ar 16:9

图 6-15　添加关键词 cinematic 生成的照片效果

专家提醒

关键词 cinematic 能够让照片呈现出电影质感，即采用类似电影的拍摄手法和后期处理方式，表现出沉稳、柔和、低饱和度等画面特点。

关键词 dramatic 能够突出画面的光影构造效果，通常使用高对比度、强烈色彩、深暗部等元素来表现强烈的情感渲染和氛围感。

关键词 epic 能够营造壮观、宏大、震撼人心的视觉效果，其特点包括局部高对比度、色彩明亮、前景与背景相得益彰等。

6.3.4　超级详细

超级详细 (super detailed)，意思是精细的、细致的，在 AI 摄影中应用该关键词生成的照片能够清晰呈现出物体的细节和纹理，如毛发、羽毛、细微的沟壑等，效果如图 6-16 所示。

图 6-16 添加关键词 super detailed 生成的照片效果

关键词 super detailed 通常用于生成微距摄影、生态摄影、产品摄影等题材的 AI 摄影作品中，能够提高照片的质量和观赏性。

6.3.5 自然/坦诚/真实/个人化

自然 / 坦诚 / 真实 / 个人化 (natural/candid/authentic/personal)，这组关键词通常用来描述照片的拍摄风格或表现方式，常应用于生成肖像、婚纱、旅行等类型的 AI 摄影作品，能够更好地传递照片所要表达的情感和主题。

关键词 natural 生成的照片能够表现出自然、真实、没有加工的视觉感受，通常采用较为柔和的光线和简单的构图来呈现主体的自然状态。

关键词 candid 能够捕捉到真实、不加掩饰的人物瞬间状态，呈现出生动、自然和真实的画面感，效果如图 6-17 所示。

关键词 authentic 的含义与 natural 较为相似，但它更强调表现出照片真实、原汁原味的品质，并能让人感受到照片所代表的意境，效果如图 6-18 所示。

关键词 personal 的意思是富有个性和独特性，能够体现出照片的独特拍摄视角，同时通过抓住细节和表现方式等方面，展现出作者的个性和文化素养。

a young asia woman in a blue checkered coat is standing in the autumn, candid, in the style of beijing east village, soft pastel palette, light blue and white, gongbi, light white and light gray, pastoral charm, elegant clothing --ar 4:3

图 6-17　添加关键词 candid 生成的照片效果

a asia female in a white shirt leaning against the fence, next to some beautiful pink flowers, authentic, in the style of mamiya rb67, chinese cultural themes, dark green and sky-blue, romantic academia, pastoral, street fashion --ar 16:9

图 6-18　添加关键词 authentic 生成的照片效果

6.3.6　细节表现

细节表现 (detailed)，通常指的是具有高度细节表现能力和丰富纹理的照片。关键词 detailed 能够对照片中的所有元素都进行精细化的控制，如细微的色调变换、暗部曝光、突出或屏蔽某些元素等，效果如图 6-19 所示。

mountain at sunrise in the grand tetons, in the style of photo-realistic landscapes, emotive fields of color, golden hues, canon eos 5d mark iv, 32k uhd, detailed, light indigo and amber, silver and amber, serene pastoral scenes --ar 16:9

图 6-19　添加关键词 detailed 生成的照片效果

关键词 detailed 适用于生成静物、风景、人像等类型的 AI 摄影作品，可以让作品更具艺术感，呈现出更多的细节。同时，detailed 会对照片的局部细节和纹理进行针对性的增强和修复，从而使得照片更为清晰锐利、画质更佳。

6.3.7　高细节/高品质/高分辨率

高细节 / 高品质 / 高分辨率 (high detail / hyper quality / high resolution)，这组关键词常用于肖像、风景、商品和建筑等类型的 AI 摄影作品中，可以使照片在细节和纹理方面更具有表现力和视觉冲击力。

关键词 high detail 能够让照片具有高度细节表现能力，即可以清晰地呈现出物体或人物的各种细节和纹理，如毛发、衣服的纹理等。而在真实摄影中，通常需要使用高端相机和镜头拍摄并进行后期处理，才能实现这样的效果。

关键词 hyper quality 通过对 AI 摄影作品的明暗对比、白平衡、饱和度和构图等因素的严密控制，让照片具有超高的质感和清晰度，以达到非凡的视觉冲击效果，如图 6-20 所示。

图 6-20　添加关键词 hyper quality 生成的照片效果

关键词 high resolution 可以为 AI 摄影作品带来更高的锐度、清晰度和精细度，生成更为真实、生动和逼真的画面效果。

6.3.8　8K 流畅/8K 分辨率

8K 流畅 /8K 分辨率 (8K smooth / 8K resolution)，这组关键词可以让 AI 摄影作品呈现出更为清晰流畅、真实自然的画面效果，并为观众带来更好的视觉体验。

在关键词 8K smooth 中，8K 表示分辨率达到 7680 像素 ×4320 像素的超高清晰度 (注意 AI 模型只是模拟这种效果，实际分辨率达不到)，而 smooth 则表示画面更加流畅、自然，不会出现抖动或者卡顿等问题，效果如图 6-21 所示。

在关键词 8K resolution 中，8K 的意思与上面相同，resolution 则用于再次强调高分辨率，从而让画面有较高的细节表现能力和视觉冲击力。

图 6-21　添加关键词 8K smooth 生成的照片效果

6.3.9　超清晰/超高清晰/超高清画面

超清晰 / 超高清晰 / 超高清画面 (super clarity / ultra-high definition / ultra hd picture)，这组关键词能够为 AI 摄影作品带来更加清晰、真实、自然的视觉效果。

在关键词 super clarity 中，super 表示超级或极致，clarity 则代表清晰度或细节表现能力。super clarity 可以让照片呈现出非常锐利、清晰和精细的效果，展现出更多的细节和纹理。

在关键词 ultra-high definition 中，ultra-high 指超高分辨率（高达 3840 像素×2160 像素，注意只是模拟效果），而 definition 则表示清晰度。ultra-high definition 不仅可以呈现出更加真实、生动的画面，还能够减少颜色噪点和其他视觉故障，使画面看起来更加流畅，效果如图 6-22 所示。

在关键词 ultra hd picture 中，ultra 代表超高，hd 则表示高清晰度或高细节表现能力。ultra hd picture 可以使画面变得更加细腻，并且层次感更强，同时因为模拟出高分辨率的效果，所以画质也会显得更加清晰、自然。

图 6-22　添加关键词 ultra-high definition 生成的照片效果

专家提醒

　　需要注意的是，添加这些关键词并不会影响 AI 模型出图的实际分辨率，只是会影响它的画质，如产生更多的细节，从而模拟出高分辨率的画质效果。

6.3.10　徕卡镜头

　　徕卡镜头 (leica lens)，通常是指徕卡公司生产的高质量相机镜头，具有出色的光学性能和精密的制造工艺，从而实现完美的照片品质。在 AI 摄影中，使用关键词 leica lens 不仅可以提高照片的整体质量，而且可以获得优质的锐度和对比度，以及呈现出特定的美感、风格和氛围，效果如图 6-23 所示。

图 6-23　添加关键词 leica lens 生成的照片效果

本章小结

　　本章主要为读者介绍了 AI 摄影的风格渲染指令，包括 6 个艺术风格关键词、6 个渲染品质关键词、10 个出图品质关键词，可以为 AI 摄影作品增色添彩，赋予照片更加深刻的意境和情感表达，同时增加画面的细节清晰度。通过本章的学习，希望读者能够更好地使用 AI 绘画工具生成独具一格的摄影作品。

课后习题

　　为了使读者更好地掌握本章所学知识，下面将通过课后习题帮助读者进行简单的知识回顾和补充。

　　1. 使用 Midjourney 生成一张超现实主义风格的照片。

　　2. 使用 Midjourney 生成一张街头摄影风格的照片。

第 7 章
PS 修图优化: 修复瑕疵让 AI 照片更完美

　　使用 AI 绘图工具生成的照片通常或多或少存在一些瑕疵, 此时我们可以使用 Photoshop(简称 PS) 对其进行优化处理, 包括修图和调色等, 从而使 AI 摄影作品变得更加完美。本章介绍的这些 PS 技巧也适用于普通照片的后期处理, 希望大家能够熟练掌握。

7.1 用 PS 对 AI 照片进行修图处理

AI 摄影作品如果出现构图混乱、有杂物、曝光不正常，以及画面模糊等问题，可以使用 PS 工具或命令进行处理。本节将介绍一些常见的 PS 修图操作。

7.1.1 AI照片的二次构图处理

在使用 AI 模型生成照片时，用户可以通过添加一些拍摄角度和构图方式等关键词，以体现照片的意境。但是当生成的图片效果不理想时，用户也可以通过 Photoshop 二次构图达到预想的效果。下面介绍对 AI 照片进行二次构图处理的操作方法。

扫码看视频

01 单击"文件"|"打开"命令，打开一张 AI 照片素材，如图 7-1 所示。

02 选取工具箱中的裁剪工具 ，在工具属性栏中设置裁剪比例为 4:3，如图 7-2 所示。

图 7-1　打开 AI 照片素材

设置

图 7-2　设置裁剪比例

专家提醒

Photoshop 的裁剪工具 可以帮助用户轻松地裁剪照片，去除不需要的部分，以达到最佳的视觉效果。裁剪工具 可以很好地控制照片的大小和比例，也可以对照片进行视觉剪裁，让画面更具美感。在裁剪工具属性栏的"比例"文本框中输入相应的比例数值，裁剪后照片的尺寸由输入的数值决定，与裁剪区域的大小没有关系。

03 在图像编辑窗口中调整裁剪框的位置，使画面中的水平线位于下三分线位置处，如图 7-3 所示。

04 执行操作后，按 Enter 键确认，即可裁剪图像，形成下三分线构图效果，如图 7-4 所示。

图 7-3　调整裁剪框的位置

图 7-4　下三分线构图效果

7.1.2　AI照片的杂物清除处理

AI 照片中经常会出现一些多余的人物或妨碍画面美感的物体，通过一些简单的 PS 操作，如使用污点修复画笔工具 、移除工具 等，即可去除这些多余的杂物。下面介绍使用 Photoshop 清除 AI 照片中杂物的操作方法。

扫码看视频

01　单击"文件"|"打开"命令，打开一张 AI 照片素材，如图 7-5 所示。

02　选取工具箱中的污点修复画笔工具 ，在工具属性栏中单击"近似匹配"按钮，如图 7-6 所示。

图 7-5　打开 AI 照片素材

图 7-6　单击"近似匹配"按钮

专家提醒

在污点修复画笔工具属性栏中，各主要选项含义如下。

(1) 模式：在该列表框中可以设置修复图像与目标图像之间的混合方式。

(2) 内容识别：在修复图像时，将根据图像内容识别像素并自动填充。

(3) 创建纹理：在修复图像时，将根据当前图像周围的纹理自动创建一个相似的纹理，从而在修复瑕疵的同时保证不改变原图像的纹理。

(4) 近似匹配：在修复图像时，将根据当前图像周围的像素来修复瑕疵。

03 将鼠标移至图像编辑窗口中，在相应的杂物上按住鼠标左键并拖曳，涂抹区域呈黑色显示，如图 7-7 所示。

04 释放鼠标左键，即可去除涂抹部分的杂物，效果如图 7-8 所示。

图 7-7 涂抹区域呈黑色显示

图 7-8 去除杂物效果

7.1.3 AI照片的镜头问题处理

Photoshop 中的"镜头校正"滤镜可用于对失真或倾斜的 AI 照片进行校正，还可以调整扭曲、色差、晕影和变换等参数，使照片恢复至正常状态。下面介绍使用 Photoshop 校正 AI 照片镜头问题的操作方法。

扫码看视频

01 单击"文件"|"打开"命令，打开一张 AI 照片素材，如图 7-9 所示。

02 在菜单栏中单击"滤镜"|"镜头校正"命令，弹出"镜头校正"对话框，如图 7-10 所示。

图 7-9 打开 AI 照片素材

图 7-10 "镜头校正"对话框

03 单击"自定"标签，切换至"自定"选项卡，在"晕影"选项区中设置"数量"为 80，如图 7-11 所示，即可让照片的四周变得明亮一些。

04 单击"确定"按钮，即可校正镜头晕影，效果如图 7-12 所示。

图 7-11　设置"晕影"参数

图 7-12　校正镜头晕影效果

7.1.4　AI照片的曝光问题处理

曝光是指被摄物体发出或反射的光线，通过相机镜头投射到感光器上，使之发生化学变化，产生显影的过程。一张照片的好坏，说到底就是影调分布是否能够体现光线的美感，以及曝光是否表现得恰到好处。在 Photoshop 中，可以通过"曝光度"命令来调整 AI 照片的曝光度，使画面曝光达到正常水平，具体操作方法如下。

扫码看视频

01　单击"文件"|"打开"命令，打开一张 AI 照片素材，如图 7-13 所示。

02　在菜单栏中单击"图像"|"调整"|"曝光度"命令，如图 7-14 所示。

图 7-13　打开 AI 照片素材

图 7-14　单击"曝光度"命令

03　执行操作后，弹出"曝光度"对话框，设置"曝光度"为 +1.85，如图 7-15 所示。"曝光度"的默认参数为 0，往左调为降低亮度，往右调为增加亮度。

04　单击"确定"按钮，即可增加画面的曝光度，让画面变得更加明亮，效果如图 7-16 所示。

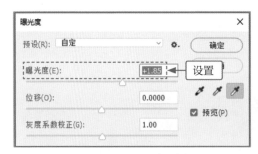

图 7-15　设置"曝光度"参数

图 7-16　增加画面的曝光度效果

7.1.5　AI照片的模糊问题处理

Photoshop 的锐化功能非常强大，能够快速将模糊的照片变清晰。例如，使用"智能锐化"滤镜可以设置锐化算法，或控制阴影和高光区域中的锐化量，使画面细节清晰起来，而且能避免色晕等问题。

扫码看视频

本案例选用的是一张大场景的 AI 照片素材，对于这种场景宏大的照片或是有虚焦的照片，还有因轻微晃动而拍虚的照片，在后期处理时都可以使用"智能锐化"滤镜来提高清晰度，找回图像细节，具体操作方法如下。

01　单击"文件"|"打开"命令，打开一张 AI 照片素材，如图 7-17 所示。

02　在"图层"面板中，按 Ctrl + J 组合键，复制"背景"图层，得到"图层 1"图层，如图 7-18 所示。

图 7-17　打开 AI 照片素材

图 7-18　复制"背景"图层

03　在"图层 1"图层上单击鼠标右键，在弹出的快捷菜单中选择"转换为智能对象"选项，如图 7-19 所示，将该图层转换为智能对象。

04 在菜单栏中单击"滤镜"|"锐化"|"智能锐化"命令，弹出"智能锐化"对话框，设置"数量"（用于控制锐化程度）为 500%、"半径"（用于设置应用锐化效果的范围）为 2.0 像素、"减少杂色"（用于减少画面中的噪点）为 10%，如图 7-20 所示，增强图像的清晰度。

图 7-19　选择"转换为智能对象"选项

图 7-20　设置"智能锐化"参数

05 执行操作后，单击"确定"按钮，即可生成一个对应的"智能滤镜"图层，同时照片画面也会变得更加清晰，效果如图 7-21 所示。

图 7-21　模糊问题处理后照片最终效果

7.2 用 PS 对 AI 照片进行调色处理

颜色可以产生对比效果，使普通照片看起来更加绚丽，使毫无生气的照片充满活力。在使用 Photoshop 对 AI 照片进行处理时，用户可以根据自身的需要对照片中的某些色彩进行处理，或匹配其他喜欢的颜色，使 AI 照片的色彩基调更加个性化。

7.2.1 使用白平衡工具校正偏色

在 Photoshop 的 CameraRaw 插件中，可以调整照片的白平衡，以反映照片所处的光照条件，如日光、白炽灯或闪光灯等。用户不但可以选择白平衡预设选项，还可以通过 CameraRaw 插件中的白平衡工具 ✐ 指定照片区域，自动调整白平衡设置。

扫码看视频

当使用 AI 模型生成的照片出现偏色问题时，用户可以通过 Photoshop 来校正照片的白平衡，具体操作方法如下。

01 单击"文件"|"打开"命令，打开一张 AI 照片素材，如图 7-22 所示。

02 在菜单栏中单击"滤镜"|"Camera Raw 滤镜"命令，弹出 Camera Raw 对话框，如图 7-23 所示。

图 7-22 打开 AI 照片素材

图 7-23 Camera Raw 对话框

03 展开"基本"选项区，设置"白平衡"为"自动"，如图 7-24 所示，即可自动调整错误的白平衡设置，恢复自然的白平衡效果。

04 在"基本"选项区中，继续设置"对比度"为 15、"清晰度"为 29、"自然饱和度"为 19、"饱和度"为 28，单击"确定"按钮，增强画面的明暗对比，得到更清晰的画面效果，如图 7-25 所示。

图 7-24　恢复自然的白平衡效果　　　　　　　图 7-25　白平衡校正后照片最终效果

💡 **专 家 提 醒**

如果用户在调整色温和色调之后，发现阴影区域中存在绿色或洋红偏色，则可以尝试调整"相机校准"面板中的"阴影色调"滑块将其消除。

7.2.2　使用照片滤镜命令校正偏色

使用"照片滤镜"命令可以模仿在镜头前面添加彩色滤镜的效果，以便调整通过镜头传输的色彩平衡和色温参数，实现不同的色调效果。"照片滤镜"命令还允许用户选择预设的颜色，以便随时应用色相调整 AI 照片，具体操作方法如下。

扫码看视频

01 单击"文件"|"打开"命令，打开一张 AI 照片素材，如图 7-26 所示。

02 在菜单栏中单击"图像"|"调整"|"照片滤镜"命令，如图 7-27 所示。

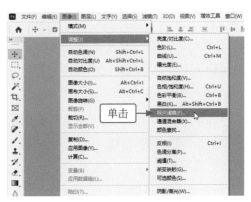

图 7-26　打开 AI 照片素材　　　　　　　　　图 7-27　单击"照片滤镜"命令

03 执行操作后，即可弹出"照片滤镜"对话框，设置"滤镜"为 Cooling Filter(LBB)、"密度"为 28%，如图 7-28 所示，调整滤镜效果的应用程度。

04 单击"确定"按钮，即可过滤图像色调，让画面更偏冷色调，效果如图 7-29 所示。

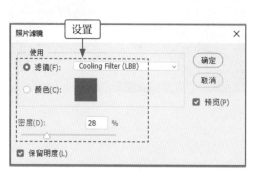

图 7-28 调整滤镜效果

图 7-29 滤镜校正后照片最终效果

专家提醒

在"照片滤镜"对话框中，各主要选项的含义如下。

(1) 滤镜：包含多种预设选项，用户可以根据需要选择合适的选项，对图像的色调进行调整。其中，Cooling Filter 指冷却滤镜，LBB 指冷色调，能够使画面的颜色变得更蓝，以便补偿色温较低的环境光。

(2) 颜色：单击该色块，在弹出的"拾色器"对话框中可以自定义选择一种颜色作为图像的色调。

(3) 密度：用于调整应用于图像的颜色数量。

(4) 保留明度：选中该复选框，在调整颜色的同时可保持原图像的亮度。

7.2.3 使用色彩平衡命令校正偏色

色彩平衡是照片后期处理中的一个重要环节，可以校正画面偏色的问题，以及色彩过饱和或饱和度不足的情况，用户也可以根据自己的喜好和制作要求调制需要的色彩，实现更好的画面效果。

扫码看视频

Photoshop 中的"色彩平衡"命令会通过增加或减少处于高光、中间调以及阴影区域中的特定颜色，改变画面的整体色调。按 Ctrl + B 组合键，可以快速弹出"色彩平衡"对话框。

在本案例中，AI 照片画面整体色调偏绿，甚至连天空和稻穗也变成了青绿色，与画面的整体意境不符，因此在后期处理中可通过"色彩平衡"命令来加深照片中的黄色调，恢复画面色彩，具体操作方法如下。

01 单击"文件"|"打开"命令，打开一张 AI 照片素材，如图 7-30 所示。

02 在菜单栏中单击"图像"|"调整"|"色彩平衡"命令，弹出"色彩平衡"对话框，设置"色阶"
参数值分别为 80、-80、-60，如图 7-31 所示，增强画面中的红色、洋红和黄色。

图 7-30　打开 AI 照片素材

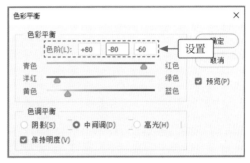

图 7-31　设置"色阶"参数

03 单击"确定"按钮，即可恢复图像偏色的问题，效果如图 7-32 所示。

图 7-32　色彩校正后照片最终效果

7.2.4　增强画面的整体色彩饱和度

饱和度（Chroma，简写为 C，又称为彩度）是指颜色的强度或纯度，它
表示色相中颜色本身色素分量所占的比例，使用 0% ～ 100% 的百分比来度量。

扫码看视频

在标准色轮中，饱和度从中心到边缘逐渐递增，颜色的饱和度越高，其鲜艳程度也就越高，反之颜色会显得陈旧或浑浊。

不同饱和度的颜色会给人带来不同的视觉感受，高饱和度的颜色给人以积极、冲动、活泼、有生气、喜庆的感觉；低饱和度的颜色给人以消极、无力、安静、沉稳、厚重的感觉。在 Photoshop 中，使用"自然饱和度"命令可以快速调整整个画面的色彩饱和度，具体操作方法如下。

01 单击"文件"|"打开"命令，打开一张 AI 照片素材，如图 7-33 所示。

02 在菜单栏中单击"图像"|"调整"|"自然饱和度"命令，弹出"自然饱和度"对话框，设置"自然饱和度"为 30、"饱和度"为 50，如图 7-34 所示。

图 7-33　打开 AI 照片素材

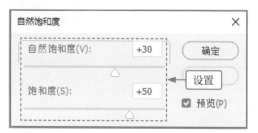

图 7-34　设置"自然饱和度"参数

03 单击"确定"按钮，即可增强画面的整体色彩饱和度，让各种颜色都变得更加鲜艳，效果如图 7-35 所示。

图 7-35　饱和度校正后照片最终效果

专家提醒

简单地说，"自然饱和度"选项和"饱和度"选项最大的区别为："自然饱和度"选项只增加未达到饱和的颜色的浓度；"饱和度"选项则会增加整个图像的色彩浓度，可能会导致画面颜色过于饱和的问题，而"自然饱和度"选项不会出现这种问题。

7.2.5　调整色相让色彩更加真实

每种颜色的固有颜色表相叫作色相 (Hue，简写为 H)，它是一种颜色区别于另一种颜色的最显著的特征。通常情况下，颜色的名称就是根据其色相来决定的，如红色、橙色、蓝色、黄色、绿色等。

扫码看视频

在 Photoshop 中，使用"色相 / 饱和度"命令可以调整整个画面或单个颜色分量的色相、饱和度和明度，还可以同步调整照片中所有的颜色。

本案例是一张花朵特写的 AI 照片，画面的整体色相偏橙色，在后期处理中运用"色相 / 饱和度"命令来增加画面的"色相"参数和"饱和度"参数，加强画面中的黄色部分，使花朵色彩更加真实，具体操作方法如下。

01　单击"文件"|"打开"命令，打开一张 AI 照片素材，如图 7-36 所示。

02　单击"图像"|"调整"|"色相 / 饱和度"命令，如图 7-37 所示。

图 7-36　打开 AI 照片素材

图 7-37　单击"色相 / 饱和度"命令

专家提醒

色相是色彩的最大特征，所谓色相是指能够比较切确地表示某种颜色的色别 (即色调) 的名称，是各种颜色最直接的区别，同时也是不同波长的色光被感觉的结果。

03 执行操作后，即可弹出"色相 / 饱和度"对话框，设置"色相"为 20、"饱和度"为 18，如图 7-38 所示，让色相偏黄色，并稍微增强饱和度。

04 单击"确定"按钮，即可调整照片的色相，让橙色的花朵变成黄色，效果如图 7-39 所示。

图 7-38　设置"色相 / 饱和度"参数

图 7-39　调整色相后照片最终效果

本章小结

本章主要为读者介绍了 Photoshop 后期优化的相关基础知识，包括使用 Photoshop 对 AI 摄影作品进行修图和调色处理，如 AI 照片的二次构图处理、AI 照片的杂物清除处理、AI 照片的镜头问题处理、AI 照片的曝光问题处理、AI 照片的模糊问题处理，使用滤镜和白平衡工具校正偏色、增强画面的整体色彩饱和度、调整色相让色彩更加真实等操作技巧。通过本章的学习，希望读者能够更好地掌握 AI 摄影作品的后期优化方法。

课后习题

为了使读者更好地掌握本章所学知识，下面将通过课后习题帮助读者进行简单的知识回顾和补充。

1. 对一张 AI 照片进行二次构图处理，将横图裁剪为竖图。

2. 对一张 AI 照片进行调色处理，增强照片的整体色彩饱和度。

第 8 章

PS 智能优化：全新的 AI 绘画与修图玩法

　　随着 Adobe Photoshop 24.6(Beta) 版的推出，集成了更多的 AI 功能，让这一代 PS 成为创作者和设计师不可或缺的工具。本章主要介绍 PS 的"创成式填充"AI 绘画功能与 Neural Filters 滤镜的修图技法。

8.1 "创成式填充" AI 绘画功能

"创成式填充"功能的原理其实就是 AI 绘画技术，通过在原有图像上绘制新的图像，或者扩展原有图像的画布生成更多的图像内容，同时可以进行智能化的修图处理。本节主要介绍"创成式填充"功能的具体用法。

8.1.1 用AI绘画去除图像内容

使用 Photoshop 的"创成式填充"功能可以一键去除照片中的杂物或任何不想要的图像内容，它是通过 AI 绘画的方式来填充要去除杂物的区域，而不是过去的"内容识别"或"近似匹配"方式，因此填充效果会更好，具体操作方法如下。

扫码看视频

01 单击"文件"|"打开"命令，打开一张 AI 照片素材，如图 8-1 所示。

02 选取工具箱中的套索工具 ⌀，如图 8-2 所示。

图 8-1 打开 AI 照片素材

图 8-2 选取套索工具

专家提醒

套索工具 ⌀ 是一种用于选择图像区域的工具，它可以让用户手动绘制一个不规则的选区，以便在选定的区域内进行编辑、移动、删除或应用其他操作。在使用套索工具 ⌀ 时，用户可以通过按住鼠标左键并拖曳勾勒出自己想要选择的区域，从而更精确地控制图像编辑的范围。

03 运用套索工具 ⌀ 在画面中的人物周围按住鼠标左键并拖曳，框住整个人物对象，如图 8-3 所示。

04 释放鼠标左键，即可创建一个不规则的选区，在下方的浮动工具栏中单击"创成式填充"按钮，如图 8-4 所示。

图 8-3　框住整个人物对象

图 8-4　单击"创成式填充"按钮

05 执行操作后，在浮动工具栏中单击"生成"按钮，如图 8-5 所示。

06 稍等片刻，即可去除画面中的人物对象，效果如图 8-6 所示。

图 8-5　单击"生成"按钮

图 8-6　去除人物后照片最终效果

专家提醒

　　"创成式填充"功能利用先进的 AI 算法和图像识别技术，能够自动从周围的环境中推断出缺失的图像内容，并智能地进行填充。"创成式填充"功能使得移除不需要的元素或补全缺失的图像部分变得更加容易，节省了用户大量的时间和精力。

8.1.2　用AI绘画生成图像内容

使用 Photoshop 的"创成式填充"功能可以在照片的局部区域进行 AI 绘画操作,用户只需在画面中框选某个区域,然后输入想要生成的内容关键词(必须为英文),即可生成对应的图像内容,具体操作方法如下。

扫码看视频

01　单击"文件"|"打开"命令,打开一张 AI 照片素材,如图 8-7 所示。

02　运用套索工具 ♀ 创建一个不规则的选区,在下方的浮动工具栏中单击"创成式填充"按钮,如图 8-8 所示。

图 8-7　打开 AI 照片素材

图 8-8　单击"创成式填充"按钮

03　在浮动工具栏左侧的输入框中,输入关键词 butterfly fish(蝴蝶鱼),如图 8-9 所示。

04　单击"生成"按钮,显示图像的生成进度,如图 8-10 所示。

图 8-9　输入关键词

图 8-10　显示图像的生成进度

05　稍等片刻,即可生成相应的图像效果,如图 8-11 所示。注意,即使是相同的关键词,PS 的"创成式填充"功能每次生成的图像效果都不一样。

06　在生成式图层的"属性"面板中,在"变化"选项区中选择相应的图像,如图 8-12 所示。

图 8-11　生成的图像效果

图 8-12　选择图像

07 执行操作后，即可改变画面中生成的图像效果，如图 8-13 所示。

08 在"图层"面板中可以看到，生成式图层带有蒙版，不会影响原图像的效果，如图 8-14 所示。

图 8-13　改变画面中生成的图像效果

图 8-14　"图层"面板

09 在"属性"面板的"提示"输入框中，输入关键词 tropical fish(热带鱼)，并单击"生成"按钮，如图 8-15 所示。

10 执行操作后，即可生成相应的图像效果，如图 8-16 所示。

图 8-15　单击"生成"按钮

图 8-16　生成图像的最终效果

8.1.3 用AI绘画扩展图像内容

在 Photoshop 中扩展图像的画布后，使用"创成式填充"功能可以自动填充空白的画布区域，生成与原图像对应的内容，具体操作方法如下。

扫码看视频

01 单击"文件"|"打开"命令，打开一张 AI 照片素材，如图 8-17 所示。

02 在菜单栏中单击"图像"|"画布大小"命令，如图 8-18 所示。

图 8-17 打开照片素材

图 8-18 单击"画布大小"命令

03 执行操作后，弹出"画布大小"对话框，设置"宽度"为 1643 像素，如图 8-19 所示。

04 单击"确定"按钮，即可从左右两侧扩展图像画布，效果如图 8-20 所示。

图 8-19 设置"宽度"参数

图 8-20 从左右两侧扩展图像画布

05　运用矩形框选工具 □，在左右两侧的空白画布上分别创建两个矩形选区，如图 8-21 所示。

06　在下方的浮动工具栏中单击"创成式填充"按钮，如图 8-22 所示。

图 8-21　创建两个矩形选区　　　　　　　　　　图 8-22　单击"创成式填充"按钮

07　执行操作后，在浮动工具栏中单击"生成"按钮，如图 8-23 所示。

08　稍等片刻，即可在空白的画布中生成相应的图像内容，不仅能够与原图像无缝融合，还将竖图变成了横图，效果如图 8-24 所示。

图 8-23　单击"生成"按钮　　　　　　　　　　图 8-24　扩展图像的最终效果

8.2　Neural Filters AI 修图玩法

　　Neural　Filters 滤镜是 Photoshop 重点推出的 AI 修图技术，功能非常强大，它可以帮助用户把复杂的修图工作简单化，大大提高工作效率。Neural　Filters 滤镜利用深度学习技术和神经网络技术，能够对图像进行自动修复、画质增强、风格转换等处理，帮助用户快速做出复杂的图像效果，同时保留图像的原始质量。

8.2.1 一键磨皮(皮肤平滑度)

借助 Neural Filters 滤镜的"皮肤平滑度"功能，可以自动识别人物面部，并进行磨皮处理。由于 AI 模型生成的人物照片脸部通常都是比较平滑的，因此本案例选用了一张真人照片进行一键磨皮处理，具体操作方法如下。

扫码看视频

01 单击"文件"|"打开"命令，打开一张照片素材，如图 8-25 所示。

02 在菜单栏中单击"滤镜"| Neural Filters 命令，展开 Neural Filters 面板，在左侧的"所有筛选器"列表框中开启"皮肤平滑度"功能，如图 8-26 所示。

图 8-25 打开照片素材

图 8-26 开启"皮肤平滑度"功能

03 在 Neural Filters 面板的右侧设置"模糊"为 100、"平滑度"为 50，如图 8-27 所示，对人物脸部进行自动磨皮处理。

04 单击"确定"按钮，即可完成人脸的磨皮处理，效果如图 8-28 所示。

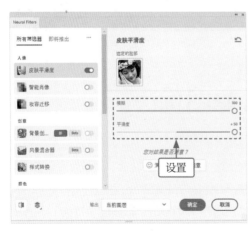

图 8-27 设置参数

图 8-28 磨皮处理效果

8.2.2 修改人脸(智能肖像)

借助 Neural Filters 滤镜的"智能肖像"功能，用户可以通过几个简单的步骤简化复杂的肖像编辑工作流程，如改变人物的表情、面部年龄、发量、眼睛方向、面部朝向、光线方向等。下面介绍使用"智能肖像"功能的操作方法。

扫码看视频

01 单击"文件"|"打开"命令，打开一张 AI 照片素材，如图 8-29 所示。

02 在菜单栏中单击"滤镜"| Neural Filters 命令，展开 Neural Filters 面板，在左侧的"所有筛选器"列表框中开启"智能肖像"功能，如图 8-30 所示。

图 8-29 打开 AI 照片素材

图 8-30 开启"智能肖像"功能

03 在右侧的"特色"选项区中，设置"发量"为 50，如图 8-31 所示，可以增加人物的发量。

04 单击"确定"按钮，即可完成智能肖像的处理，效果如图 8-32 所示。

图 8-31 设置"发量"参数

图 8-32 智能肖像处理效果

8.2.3　一键换妆(妆容迁移)

借助 Neural　Filters 滤镜的"妆容迁移"功能，可以将人物眼部和嘴部的妆容风格应用到其他人物图像中，具体操作方法如下。

扫码看视频

01　单击"文件"|"打开"命令，打开 AI 照片素材，如图 8-33 所示。

02　在菜单栏中单击"滤镜"| Neural Filters 命令，展开 Neural Filters 面板，在左侧的"所有筛选器"列表框中开启"妆容迁移"功能，如图 8-34 所示。

图 8-33　打开 AI 照片素材

图 8-34　开启"妆容迁移"功能

03　在右侧的"参考图像"选项区中，在"选择图像"列表框中选择"从计算机中选择图像"选项，如图 8-35 所示。

04　在弹出的"打开"对话框中，选择相应的图像素材，效果如图 8-36 所示。

图 8-35　选择"从计算机中选择图像"选项

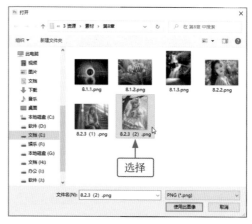

图 8-36　选择图像素材

05　单击"使用此图像"按钮，即可上传参考图像，如图 8-37 所示，并将参考图像中的人物妆容应用到素材图像中。

06　单击"确定"按钮，即可改变人物的妆容，效果如图 8-38 所示。

图 8-37　上传参考图像

图 8-38　改变人物妆容的效果

8.2.4　无损放大(超级缩放)

借助 Neural Filters 滤镜的"超级缩放"功能，可以放大并裁切图像，然后通过 Photoshop 添加细节以补偿损失的分辨率，从而达到无损放大的效果，具体操作方法如下。

扫码看视频

01　单击"文件"|"打开"命令，打开一张 AI 照片素材，如图 8-39 所示。

02　在菜单栏中单击"滤镜"| Neural Filters 命令，展开 Neural Filters 面板，在左侧的"所有筛选器"列表框中开启"超级缩放"功能，如图 8-40 所示。

图 8-39　打开 AI 照片素材

图 8-40　开启"超级缩放"功能

03　在右侧的预览图下方单击放大按钮 ，如图 8-41 所示，即可将图像放大至原图的两倍，单击"确定"按钮确认操作。

04 执行操作后，会生成一个新的大图，从右下角的状态栏中可以看到分辨率变成了原图的两倍，效果如图 8-42 所示。

图 8-41　单击放大按钮

图 8-42　生成一个新的大图效果

8.2.5　提升画质(移除JPEG伪影)

伪影是指在压缩 JPEG 图像时出现的一种视觉失真效应，通常表现为图像边缘处的不规则形状（锯齿状或马赛克状）。

借助 Neural Filters 滤镜的"移除 JPEG 伪影"功能，可以移除压缩 JPEG 图像时产生的伪影，提升图像的画质，具体操作方法如下。

扫码看视频

01 单击"文件"|"打开"命令，打开一张 AI 照片素材，如图 8-43 所示。

02 在菜单栏中单击"滤镜"| Neural Filters 命令，展开 Neural Filters 面板，在左侧的"所有筛选器"列表框中开启"移除 JPEG 伪影"功能，如图 8-44 所示。

图 8-43　打开 AI 照片素材

图 8-44　开启"移除 JPEG 伪影"功能

03 在右侧的"强度"列表框中选择"高"选项，如图 8-45 所示，可以增加图像的质量和压缩比例，减轻伪影的产生。

04 单击"确定"按钮，即可提升图像画质，效果如图 8-46 所示。

图 8-45　选择"高"选项

图 8-46　提升图像画质效果

8.2.6　自动上色(着色)

借助 Neural Filters 滤镜的"着色"功能，可以自动为黑白照片上色，注意目前该功能的上色精度不够高，用户应尽量选择简单的照片进行处理。下面介绍使用"着色"功能的操作方法。

扫码看视频

01 单击"文件"|"打开"命令，打开一张 AI 照片素材，如图 8-47 所示。

02 在菜单栏中单击"滤镜"| Neural Filters 命令，展开 Neural Filters 面板，在左侧的"所有筛选器"列表框中开启"着色"功能，如图 8-48 所示。

图 8-47　打开 AI 照片素材

图 8-48　开启"着色"功能

03 在右侧展开"调整"选项区，设置"饱和度"为 15，如图 8-49 所示，增强画面的色彩饱和度。

04 单击"确定"按钮，即可自动为黑白照片上色，效果如图 8-50 所示。

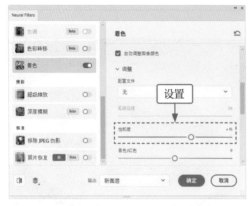

图 8-49　设置"饱和度"参数

图 8-50　黑白照片上色效果

8.2.7　完美融图(协调)

借助 Neural Filters 滤镜的"协调"功能，可以自动融合两个图层中的图像颜色与亮度，让合成后的画面影调更加和谐、效果更加完美，具体操作方法如下。

扫码看视频

01 单击"文件"|"打开"命令，打开一张经过合成处理后的 AI 照片素材，如图 8-51 所示。

02 选择"图层 2"图层，在菜单栏中单击"滤镜"| Neural Filters 命令，展开 Neural Filters 面板，在左侧的"所有筛选器"列表框中开启"协调"功能，如图 8-52 所示。

图 8-51　打开 AI 照片素材

图 8-52　开启"协调"功能

03 在右侧的"参考图像"下方的列表框中，选择"图层 1"图层，如图 8-53 所示，即可根据参考图像所在的图层自动调整"图层 2"图层的色彩平衡。

04 单击"确定"按钮，即可让两个图层中的画面影调更加协调，效果如图 8-54 所示。

图 8-53　选择"图层 1"图层　　　　　　　　　　图 8-54　协调两个图层的画面效果

8.2.8　景深调整(深度模糊)

借助 Neural Filters 滤镜的"深度模糊"功能，可以在图像中创建环境深度以模糊前景或背景对象，从而实现画面景深的调整，具体操作方法如下。

扫码看视频

01 单击"文件"|"打开"命令，打开一张 AI 照片素材，如图 8-55 所示。

02 在菜单栏中单击"滤镜"| Neural Filters 命令，展开 Neural Filters 面板，在左侧的"所有筛选器"列表框中开启"深度模糊"功能，如图 8-56 所示。

图 8-55　打开 AI 照片素材　　　　　　　　　　图 8-56　开启"深度模糊"功能

03 在右侧的"焦距"选项区中设置"焦距"为 50，如图 8-57 所示，调整背景的模糊程度。

04 单击"确定"按钮，即可虚化画面背景，效果如图 8-58 所示。

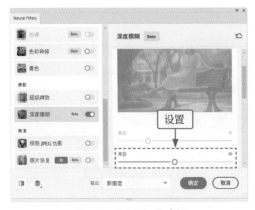

图 8-57　设置"焦距"参数

图 8-58　虚化画面背景效果

8.2.9　一键换天(风景混合器)

借助 Neural Filters 滤镜的"风景混合器"功能，可以自动替换照片中的天空，并调整为与前景元素匹配的色调，具体操作方法如下。

01 单击"文件"|"打开"命令，打开一张 AI 照片素材，如图 8-59 所示。

02 在菜单栏中单击"滤镜"| Neural Filters 命令，展开 Neural Filters 面板，在左侧的"所有筛选器"列表框中开启"风景混合器"功能，如图 8-60 所示。

扫码看视频

图 8-59　打开 AI 照片素材

图 8-60　开启"风景混合器"功能

03 在右侧的"预设"选项卡中，选择相应的预设效果，并设置"日落"为 50，如图 8-61 所示，增强画面的日落氛围感。

04 单击"确定"按钮，即可完成天空的替换处理，效果如图 8-62 所示。

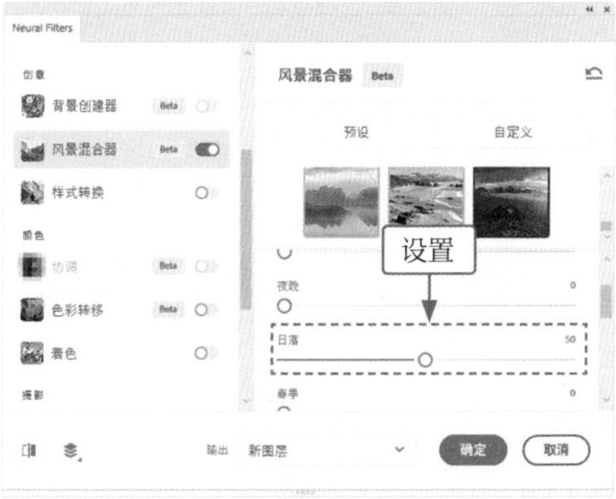

图 8-61　设置"日落"参数

图 8-62　替换天空的画面效果

8.2.10　风格变换(样式转换)

借助 Neural Filters 滤镜的"样式转换"功能，可以将选定的艺术风格应用于图像中，从而激发新的创意，并为图像赋予新的样式效果，具体操作方法如下。

扫码看视频

01 单击"文件"|"打开"命令，打开一张 AI 照片素材，如图 8-63 所示。

02 在菜单栏中单击"滤镜"| Neural Filters 命令，展开 Neural Filters 面板，在左侧的"所有筛选器"列表框中开启"样式转换"功能，如图 8-64 所示。

图 8-63　打开 AI 照片素材

图 8-64　开启"样式转换"功能

03 在右侧的"预设"选项卡中选择相应的艺术家风格，如图 8-65 所示，自动转移参考图像的颜色、纹理和风格。

04 单击"确定"按钮，即可应用特定艺术家的风格，效果如图 8-66 所示。

图 8-65　选择艺术家风格

图 8-66　应用艺术家风格的画面效果

本章小结

　　本章主要为读者介绍了 Photoshop 的一些 AI 绘画和 AI 修图功能，如用 AI 绘画去除图像内容、生成图像内容和扩展图像内容，以及一键磨皮、修改人脸、一键换妆、无损放大、提升画质、自动上色、完美融图、景深调整、一键换天、风格变换等 Neural Filters 滤镜的 AI 修图方法。通过本章的学习，希望读者能够更好地掌握 Photoshop 的 AI 绘画和修图技法。

课后习题

　　为了使读者更好地掌握所学知识，下面将通过课后习题帮助读者进行简单的知识回顾和补充。

　　1. 尝试使用 Photoshop 的"创成式填充"功能，在 8.1.2 小节的素材图像中生成一条带鱼 (hairtail)。

　　2. 尝试使用 Neural Filters 滤镜的"智能肖像"功能，改变 8.2.2 小节的素材图像中人物的表情。

第9章
热门 AI 摄影：人像、风光、花卉、动物

　　AI 摄影是一门具有高度艺术性和技术性的创意活动，其中人像、风光、花卉和动物为热门的主题，在用这些主题的 AI 照片展现瞬间之美的同时，也体现了用户对生活、自然和世界的独特见解与审美体验。

9.1 人像 AI 摄影实例分析

在所有的摄影题材中，人像的拍摄占据着非常大的比例，因此如何用 AI 模型生成人像照片是很多初学者急切希望学会的。多学、多看、多练、多积累关键词，这些都是创作优质 AI 人像摄影作品的必经之路。

9.1.1 公园人像

公园人像摄影是一种富有生活气息和艺术价值的摄影主题，通过在公园中捕捉人物的姿态、表情、动作等瞬间画面，可以展现出人物的性格、情感和个性魅力，同时公园的环境也能够让照片显得更加自然、舒适、和谐，效果如图 9-1 所示。

图 9-1　公园人像照片效果

公园人像摄影能够把自然环境与人物的个性特点完美地融合在一起，使照片看起来自然而又具有动态变化。在通过 AI 模型生成公园人像照片时，关键词的相关要点如下。

(1) 场景：长椅、草坪、湖畔等都可以作为场景，并附上美化用的花草，或者加入宠物、花卉等元素。

(2) 方法：在阳光明媚的天气里，使用不同角度的自然光线，在感染人物心情的同时，也传达出人物的喜悦之情。灵活运用人物动作、表情和场景元素等各种手段进一步丰富照片的内涵，如可以让人物以不同的角度与姿势呈现，使照片更富生机。

9.1.2 街景人像

街景人像摄影通常是在城市街道或公共场所拍摄到的具有人物元素的照片，既关注了城市环境的特点，也捕捉了主体人物或路人的日常行为，可以展现城市生活的千姿百态，效果如图 9-2 所示。

图 9-2 街景人像照片效果

街景人像摄影力求抓住当下社会和生活的变化，强调人物表情、姿态和场景环境的融合，让观众从照片中感受到城市生活的活力。在通过 AI 模型生成街景人像照片时，关键词的相关要点如下。

(1) 场景：可以选择城市中充满浓郁文化的街道、小巷等地方，利用建筑物、灯光、路标等元素来构建照片的环境。

(2) 方法：捕捉阳光下人们自然的面部表情、姿势、动作作为基本主体，同时运用线条、角度、颜色等手法对环境进行描绘，打造独属于大都市的风格与氛围。

9.1.3　室内人像

室内人像摄影是指拍摄具有个人或群体特点的照片，通常在室内环境下进行，可以更好地捕捉人物表情、肌理和细节特征，同时背景和光线的控制也更容易，效果如图 9-3 所示。

图 9-3　室内人像照片效果

室内人像摄影可以追求高度个性化的场景表现和突出个人的形象特点，展现出真实的人物状态和情感，并传达人物的内涵与个性。在通过 AI 模型生成室内人像照片时，关键词的相关要点如下。

(1) 场景：多以室内空间为主，如室内的客厅、书房、卧室、咖啡馆等场所，注意场景的装饰、气氛、搭配等元素，使其与人物的形象特点相得益彰。

(2) 方法：可以选在临窗或透光面积较大的位置，以自然光线和补光灯尽可能还原真实的人物肤色与明暗分布，并且可以通过虚化背景的处理来突出人物主体，呈现出高品质的照片效果。

9.1.4　棚拍人像

棚拍人像摄影是利用摄影棚更加精确地控制光线、背景和场景，让拍摄出来的照片看起来更加专业，更具有艺术价值，效果如图 9-4 所示。尤其是在室外光线不足或不稳定的情况下，使用摄影棚进行拍摄可以保证照片质量的稳定性和可控性。

棚拍人像摄影强调构建让人舒适和放松的拍摄环境，使人物在相机面前变得真实、自然、生动。在通过 AI 模型生成棚拍人像照片时，关键词的相关要点如下。

(1) 场景：可以使用不同颜色或质感的背景纸进行衬托，或者通过道具、服饰等元素来丰富画面效果。

(2) 方法：充分利用各种灯光的角度和亮度，打造出专业的光影效果，还需精心描写人物的姿态、动作、表情。

a beautiful girl wearing pink dress sits on the ground holding a rose, in the style of anime inspired, gongbi, white background, studio photo, light white and light amber, romanticized femininity, babycore, realist: lifelike accuracy, delicate flowers --ar 3:4

图 9-4　棚拍人像照片效果

9.1.5 古风人像

古风人像是一种以古代风格、服饰和氛围为主题的人像摄影题材，它追求传统美感，通过细致的布景、服装和道具，将人物置于古风背景中，创造出古典而优雅的画面，效果如图 9-5 所示。

图 9-5 古风人像照片效果

古风人像是一种极具中国传统和浪漫情怀的摄影方式，强调古典气息、文化内涵与艺术效果相结合的表现手法，旨在呈现优美、清新、富有感染力的画面。在通过 AI 模型生成古风人像照片时，关键词的相关要点如下。

(1) 场景：可以为装修考究的复古建筑、自然山水之间或者其他有着浓郁中式风格的环境，也可以搭配具有年代背景或者文化元素的道具，在照片中再现场景的古风韵味和人物的婉约美感。

(2) 方法：除了传统服饰和发型的描述外，还可以尝试让人物整体构图表达出各种优美的姿态，尽最大可能去呈现传统服饰飘逸的线条和纹理。另外，要充分利用色彩、光影等元素来营造浓烈的古典风情。

9.1.6 小清新人像

小清新人像是一种以轻松、自然、文艺的风格为特点的摄影方式，强调清新感和自然感，表现出一种唯美的风格，效果如图 9-6 所示。

young asian girl sitting in grass playing with soap bubbles stock Photo, in the style of uhd image, simple and elegant style, elegant clothing, white and silver, traditional chinese, fujifilm x-t4, 32k uhd --ar 4:3

图 9-6　小清新人像照片效果

小清新人像能够体现出清新素雅、自然无瑕的美感，更多地凸显人物的气质和个性。在通过 AI 模型生成小清新人像照片时，关键词的相关要点如下。

(1) 场景：选择简单而自然的室内或室外环境，如花园、草地、公园、林间小道、沙滩等，创造一种舒适、自然的氛围。

(2) 方法：通过使用柔光灯、对比度适中的色彩样式关键词，呈现柔和、自然的画面效果，使照片看起来清晰、亮丽，富有生机和自然美。同时，充分利用阳光和绿植等自然元素进行打光，营造出美好的视觉效果。

9.2　风光 AI 摄影实例分析

风光摄影是一种旨在捕捉自然美的摄影艺术，在进行 AI 摄影绘画时，用户需要通过构图、光影、色彩等关键词，用 AI 模型生成自然景色照片，展现出大自然的魅力和神奇之处，将想象中的风景变成风光摄影大片。

9.2.1　山景风光

山景风光是一种以山地自然景观为主题的摄影艺术形式，通过表达大自然之美和壮观之景，传达出人们对自然的敬畏和欣赏的态度，同时也能够给观众带来喜悦与震撼的感觉，效果如图 9-7 所示。

a fog surrounds mountains landscapes, the rock formation with trees around it, zhangjiajie forest park, in the style of ethereal fantasy, 32k uhd, ethereal trees, 32k uhd, dreamlike naturaleza --ar 16:9

图 9-7　山景风光照片效果

山景风光摄影追求表达出大自然美丽、宏伟的景象，展现出山地自然景观的雄奇壮丽。在通过 AI 模型生成山景风光照片时，关键词的相关要点如下。

(1) 场景：通常包括高山、峡谷、山林、瀑布、湖泊、日出日落等，通过将山脉、天空、水流、云层等元素结合在一起，展现出秀丽高山或柔和舒缓的自然环境。

（2）方法：强调色彩的明度、清晰度和画面上的层次感，同时可以采用不同的天气和时间来达到特定的场景效果，构图上采取对称、平衡等手法，展现场景的宏伟与细节。

9.2.2　水景风光

水景风光摄影常常能够传达出一种平静、清新的感觉，水体的流动、涟漪和反射等元素赋予照片一种静谧的氛围，效果如图 9-8 所示。

图 9-8　水景风光照片效果

水景风光摄影旨在传达大自然中的水的美感和力量，表现出水的多样化和无穷魅力，让观众感受到水所带来的宁静、美丽和希望。在通过 AI 模型生成水景风光照片时，关键词的相关要点如下。

（1）场景：包括河流、湖泊、海洋等各种自然水体环境，通过加入树林、山脉、岸边等元素，创造出与水体交汇的视觉特效，强调自然之美。

（2）方法：准确描述水面的颜色、质感、流动、反射等特点，表现出水景风光的美丽和优雅。

9.2.3 太阳风光

太阳风光是一种将自然景观和太阳光芒融合为一体的摄影艺术，主要表现出太阳在不同时间和位置下所创造的绚丽光影效果。例如，傍晚，此时太阳虽然已经落山，但它留下的光芒在天空中形成了五颜六色的彩霞，展现了日落画面的美丽和艺术性，如图 9-9 所示。

图 9-9　太阳风光照片效果

太阳风光摄影主要用于展现日出或日落时的天空景观，重点在于呈现光线的无穷魅力。在通过 AI 模型生成太阳风光照片时，关键词的相关要点如下。

(1) 场景：包括日出、日落、太阳光影效果等，同时需要选择适合的地点，如河边、湖边、城市、山顶、海边、沙漠等，可以更好地展现日光的质感和纹理。

(2) 方法：强调色彩、光影等因素，创造出丰富、特殊的太阳光影效果。

9.2.4 雪景风光

雪景风光是一种将自然景观和冬季的雪融合为一体的摄影艺术，通过创造寒冷环境下的视觉神韵，表现季节的变化，并带有一种安静、清新、纯洁的气息，效果如图 9-10 所示。

图 9-10　雪景风光照片效果

雪景风光摄影可以传达寒冷环境下人类与自然的交融感，表现出冬季大自然非凡的魅力。在通过 AI 模型生成雪景风光照片时，关键词的相关要点如下。

(1) 场景：选择适合的雪天场景，如森林、山区、湖泊、草原等。

(2) 方法：准确地描述白雪的特点，使画面充满神秘、纯净、恬静、优美的氛围，创造出雪景独有的魅力。

9.2.5　雾景风光

雾景风光摄影主要通过捕捉天空、地面和云雾之间缭绕交错的瞬间，在画面中塑造出一种梦幻般的氛围，展现出令人神往的美感，效果如图 9-11 所示。

雾景风光摄影可以表达出大自然的神秘感和变化无常的气象特点，创造出深刻而独特的艺术效果。在通过 AI 模型生成雾景风光照片时，关键词的相关要点如下。

(1) 场景：选择雾气常出现的地方，如山林、河流、湖泊、城市高空等。

(2) 方法：准确描述云雾的深浅、质感和颜色的渐变，营造出一种超现实的意境感。

图 9-11　雾景风光照片效果

9.2.6　建筑风光

建筑风光摄影是一种通过捕捉建筑物外部和内部的特定细节、轮廓、形态和设计风格，来展现建筑文化及它们与环境融合的美感，效果如图 9-12 所示。

图 9-12　建筑风光照片效果

建筑风光摄影可以表达出建筑的艺术与价值，更重要的是能够呈现出人类丰富多彩的文化、精神和情感体验。在通过 AI 模型生成建筑风光照片时，关键词的相关要点如下。

(1) 场景：选择精致而重要的建筑物或者建筑群，如高楼、古城、桥梁等，大多数建筑物在黄昏和清晨时分最为漂亮。

(2) 方法：准确地描述出建筑物的线条、颜色、材质质感，以及周围环境的对比度和反差。

9.3　花卉 AI 摄影实例分析

花卉是我们身边常见的一种自然艺术品，它的色彩、气味和形态都令人陶醉。花卉 AI 摄影是通过 AI 绘画工具来生成美丽的自然元素，重现它们的精彩瞬间，展示自然中的生机与美丽。

9.3.1　单枝花朵

在花卉摄影中，可以将单枝花朵作为主体，使观众更加真切地感受到花卉的质感、细节和个性化特点，效果如图 9-13 所示。

图 9-13　单枝花朵照片效果

通过 AI 摄影对单枝花朵微妙多变的颜色、形态和质地的展现，能够传递出花朵中蕴含的生命力和感染力。在通过 AI 模型生成单枝花朵照片时，关键词的相关要点如下。

(1) 场景：包括家庭花园、野外或者风景区等开阔空间，还可考虑配合简单的道具装饰，以突出花朵主体。

(2) 方法：选取合适的构图视角，展现花朵的优美姿态、色彩变化，并真实地表现出它的内在美。还可以添加景深控制、曝光调节等，利用近距离微缩的角度来展现花朵的微妙之处。

9.3.2 装饰性花卉

装饰性花卉是指在园艺或室内装饰等领域中，根据其形态、色彩和运用场合进行挑选和栽培的具有观赏价值的花卉植物。这些花卉通常被认为拥有美丽的外观、鲜艳的色彩和多样的形态，能够营造出特定的氛围并增加空间的审美价值。通过 AI 摄影可以很好地呈现装饰性花卉美丽的花姿、色彩和纹理，效果如图 9-14 所示。

图 9-14 装饰性花卉照片效果

装饰性花卉摄影旨在通过花卉之美进行艺术表现，强调对自然的敬畏和对"生命之美"的感悟，同时呈现某些特定的情感，比如浪漫、喜庆、唯美等。在通过 AI 模型生成装饰性花卉照片时，关键词的相关要点如下。

(1) **场景**：常见的装饰性花卉有玫瑰、牡丹、海棠、木兰、扶桑、郁金香、勿忘我、康乃馨、迎春花、秋海棠等，场景可以选择花坛、花园、公园、绘画展或者室内场所等空间，还可以使用不同的季节、天气、背景等。

(2) **方法**：花卉的色彩明亮艳丽、构图大气优雅，充分展现其本身的装饰性和典雅美。另外，可以通过背景虚化让花卉与环境完美融合，并突出表现一朵或几朵花卉。

9.3.3 花海大场景

花海大场景摄影是将广袤的花海作为主体，利用广角、长焦等镜头捕捉花海整体的特定光影、颜色、形态等，从而呈现出宏伟壮观、色彩缤纷、自然美妙的画面，效果如图 9-15 所示。

图 9-15 花海大场景照片效果

花海大场景摄影旨在将花与大自然完美融合，展现其壮阔的视觉震撼力和人们对大自然美景无尽的感叹之情，同时传递出人类与自然和谐共存、珍惜资源、绿化环保等重要信息。在通过 AI 模型生成花海大场景照片时，关键词的相关要点如下。

(1) **场景**：一般位于公园、山区、田野等花卉密集的地区，常见于春季到夏季时节，时间是在黎明或日落时分，反差强烈的光线会让花卉的色彩更加丰富鲜艳。

（2）方法：将花海主体和整体环境结合起来，通过飘落的花瓣、透过树梢的阳光和微风掀起的花浪等自然元素，呈现出灵性之美和生命的力量。另外，使用广角镜头可以让环境和花海形成一个整体，给人带来视觉上的冲击力并沉浸其中。

9.3.4　花卉与人像

花卉与人像摄影是将花卉作为背景或道具来拍摄人像，突出花与人融合的美感，效果如图 9-16 所示。

图 9-16　花卉与人像照片效果

花卉与人像摄影是一种自然与人文的结合，能够直观传达自然和人类之间的和谐关系。在通过 AI 模型生成花卉与人像照片时，关键词的相关要点如下。

（1）场景：包括花田、花林、公园等，甚至可以在家中或室内设置特殊的花卉道具，常见的花卉有玫瑰、向日葵、薰衣草、樱花、桃花、梨花等。

（2）方法：通过人与花的融合，体现出二者很强的关联度，让观众能够通过图片感受到大自然的美丽，营造一种灵动、自然、纯洁和温馨的氛围，在构图时需要让画面更能凸显花卉与人体部分，还要选择合适的服装和饰品，来体现人物形象的特点、性格或情绪。

9.3.5 花卉与昆虫

花卉与昆虫摄影是指将自然界中的花卉和昆虫同时作为主体，突出花卉与昆虫之间的关系，体现生命的美感，效果如图 9-17 所示。

a butterfly on a sunflower, in the style of emphasis on light and shadow, intense color saturation, nikon af600, flickr, digitally enhanced, new american color photography, leica r3, vibrant colorscape --ar 84:55

图 9-17　花卉与昆虫照片效果

花卉与昆虫摄影旨在强调自然界万物间的关联性，能够给观众带来心灵上的满足感。在通过 AI 模型生成花卉与昆虫照片时，关键词的相关要点如下。

(1) 场景：可以是自然环境比较适合的草原、森林、花田或道路两旁等，常见的花卉有蒲公英、向日葵、满天星等；常见的昆虫有蜜蜂、蝴蝶、蚂蚁等，它们与花卉的结合能让画面变得更生动、有趣。

(2) 方法：通过突出花卉与昆虫的色彩及形态学的差异，体现它们之间的互动时刻，同时加入光线、色彩、背景模糊等摄影指令，营造出自然美、神秘感和生态氛围等多种效果。另外，在生成花卉与昆虫照片时，通常会添加微距构图、特写景别等，让画面主体更加突出。

9.4 动物 AI 摄影实例分析

在广阔的大自然中，动物以独特的姿态展示着它们的魅力，动物摄影捕捉到了这些瞬间，让人们能够近距离地感受到自然生命的奇妙。本节主要介绍通过 AI 模型生成动物摄影作品的方法和案例，让大家感受到"动物王国"的精彩。

9.4.1 鸟类

鸟类摄影是指以飞鸟为主要拍摄对象的摄影方式，旨在展现鸟类的美丽外形和自由飞翔的姿态，效果如图 9-18 所示。

图 9-18　鸟类照片效果

鸟类摄影能够突出飞鸟与自然环境之间的关系，强调生命和谐与自然平衡等价值观念，还能够帮助人们更好地了解鸟类的生活习性和行为特点。在通过 AI 模型生成鸟类照片时，关键词的相关要点如下。

（1）场景：通常设置在风景优美的树林、湖泊或者自然保护区等生态环境中，常见的鸟类有鹦鹉、翠鸟、雀鸟、孔雀等，通过鸟儿与周围环境的交互创造出奇妙的画面。

（2）方法：展现鸟类的真实外貌和活泼性格，呈现出不同的色彩、造型和姿态等，并营造出鸟群飞翔和栖息的自然状态，同时运用光线使画面更具美感。

9.4.2　猛兽

猛兽摄影是指以野生动物中的猛兽为拍摄对象的摄影方式，旨在展现其卓越的生存技能和雄壮的体魄，效果如图 9-19 所示。

is a tiger walking along water, in the style of photobashing, photo-realistic hyperbole, dignified poses, lifelike accuracy --ar 4:3

图 9-19　猛兽照片效果

猛兽摄影突出了野生动物之间及其与自然环境的互动关系，可以使人们更好地了解自然万物的美丽与神奇。在通过 AI 模型生成猛兽照片时，关键词的相关要点如下。

（1）场景：通常设置在野生动物活跃的区域，如草原、森林、沼泽等，常见的猛兽有狮子、老虎、豹、狼、熊、豺等。

(2) 方法：重点展示猛兽的生存状态，并强调其动态、姿态、神韵等特点。例如，抓住猛兽猎物、跳跃、奔跑等瞬间动作，以及伸展、睡眠等不同的姿态。

9.4.3　爬行动物

爬行动物摄影是以爬行类动物为拍摄主体的摄影方式，重点在于展现爬行动物的外形特点和生活习性，效果如图 9-20 所示。

图 9-20　爬行动物照片效果

在通过 AI 模型生成爬行动物照片时，关键词的相关要点如下。

(1) 场景：可以是沙漠、草原、森林、水域等地方，常见的爬行动物包括蜥蜴、蛇、乌龟、鳄鱼等，具体的生存场景因物种而异。例如，蜥蜴通常栖息在洞穴、地下等隐蔽处或者高大的树木上。用户在写场景关键词时，需要多看一些相关的摄影作品，这样才能生成更加真实的照片效果。

(2) 方法：着重描绘纹理和颜色，许多爬行动物拥有独特的皮肤纹理和高饱和度的颜色，这使得它们相当吸引人。

9.4.4　鱼类

鱼类摄影是指通过镜头捕捉鱼儿优美的外表和独特的动态行为，如鱼类的颜色、纹理和体型等，效果如图 9-21 所示。

beautiful striped butterfly fish swimming near algae plant, in the style of nikon af600, surrealist photography, fine art photography, striped arrangements --ar 4:3

图 9-21　鱼类照片效果

在通过 AI 模型生成鱼类照片时，关键词的相关要点如下。

(1) 场景：包括河流、湖泊、海洋等水域中，或者鱼缸中，常见的鱼类有珊瑚礁鱼（如海葵鱼、射水鱼、蝴蝶鱼等）、淡水鱼（鲤鱼、鲫鱼、金鱼等）、海洋巨型鱼（鲸鱼、鲨鱼等）。

(2) 方法：尽量写出鱼类的名称，同时添加一些相机型号或出图品质指令，从而获得高质量的照片效果。

9.4.5　宠物

宠物摄影的意义在于展现宠物的可爱、温馨，以及与人类之间的情感，并传递出对于生命的尊重和关怀，效果如图 9-22 所示。

图 9-22　宠物照片效果

在通过 AI 模型生成宠物照片时，关键词的相关要点如下。

(1) 场景：可以是家中、户外场所或是宠物摄影工作室等地方，常见的宠物有小型犬、猫咪、兔子、仓鼠等。

(2) 方法：根据宠物的种类和特点，描述它们独特的姿态和面部表情，并采用不同的构图和角度，体现出宠物个性化的特征。

本章小结

本章主要为读者介绍了热门 AI 摄影的相关主体和实例，包括人像、风光、花卉和动物等。通过本章的学习，希望读者能够更好地掌握运用 AI 模型生成热门 AI 摄影作品的方法。

课后习题

为了使读者更好地掌握本章所学知识，下面将通过课后习题帮助读者进行简单的知识回顾和补充。

1. 使用 Midjourney 生成一张街景人像照片。

2. 使用 Midjourney 生成一张花海大场景照片。

第 10 章
创意 AI 摄影：慢门、星空、航拍、全景

    AI 摄影作品既可以是纪实的，也可以是抽象的；既可以追求自然真实的记录，也可以通过艺术手法呈现出别样的美感。而创意 AI 摄影则是在此基础上更进一步，不断挑战和突破摄影界的陈规套路，追求更强、更独特的艺术表现力。本章将介绍一些创意 AI 摄影主题，包括慢门、星空、航拍、全景等。

10.1 慢门 AI 摄影实例分析

慢门摄影指的是使用相机长时间曝光，捕捉静止或移动场景所编织的一连串图案的过程，从而呈现出抽象、模糊、虚幻、梦幻等画面效果。本节将介绍一些慢门 AI 摄影的实例，并分析用 AI 模型生成这些作品的技巧。

10.1.1 车流灯轨

车流灯轨是一种常见的夜景慢门摄影主题，通过在低光强度环境下使用慢速快门，拍摄车流和灯光的运动轨迹，制造出特殊的视觉效果。这种摄影主题能够突出城市的灯光美感、增强夜晚城市繁华氛围的艺术效果，同时也是表现动态场景的重要手段之一，效果如图 10-1 所示。

图 10-1　车流灯轨照片效果

在使用 AI 模型生成车流灯轨照片时，用到的重点关键词的作用分析如下。

(1) light trails from the cars(汽车留下的光线痕迹)：指的是车辆在夜晚行驶时，车灯留下的长曝光轨迹，可以呈现出一种流动感。

（2）in the style of time-lapse photography（以延时摄影的风格）：指的是使用延时摄影技术来记录时间流逝的摄影风格。

（3）luminous lighting（发光照明）：指的是明亮的光照效果，可以捕捉和强调城市中的光线，增强照片的视觉吸引力。

10.1.2　流云

流云是一种在风景摄影中比较常见的主题，拍摄时通过使用长时间曝光，在相机的感光元件上捕捉到云朵的运动轨迹，能够展现出天空万物的美妙和奇幻之处，效果如图 10-2 所示。

图 10-2　流云照片效果

在使用 AI 模型生成流云照片时，用到的重点关键词的作用分析如下（注意：后面的实例中重复出现的关键词不再进行具体分析）。

（1）motion blur（运动模糊）：用于营造运动模糊效果，可以增强画面中云朵的流动感。

（2）light sky-blue and yellow（浅蓝色和黄色的光线）：这种颜色组合通常与日落或黄昏的氛围相关，可以营造出温暖、宁静或梦幻的色彩效果。

（3）high speed sync（高速同步）：是一种相机闪光灯技术，可以用来解决日落时光线不足的问题，确保照片中的细节清晰可见。

10.1.3 瀑布

慢门摄影可以捕捉瀑布水流的流动轨迹，不仅可以展现出瀑布壮观、神秘和美丽的一面，还能将水流拍出丝滑的感觉，效果如图 10-3 所示。

图 10-3　瀑布照片效果

在使用 AI 模型生成瀑布照片时，用到的重点关键词的作用分析如下。

（1）in the style of long exposure（以长时间曝光的风格呈现）：长时间曝光可以捕捉到瀑布流水的柔和流动感，增强场景的动态性和戏剧性。

（2）32k uhd（32k 超高清）：32k 是一种分辨率非常高的图像格式，分辨率为 30 720 像素 ×17 820 像素；uhd（ultra high definition）指的是超高清。这种技术可以让 AI 模型生成超清晰的图像细节，使观众可以欣赏到更加逼真和精细的图像。

（3）matte photo（哑光照片）：指的是照片具有哑光或无光泽的表面质感，这种处理可以增加照片的柔和感和艺术感，使其更具审美价值。

10.1.4　溪流

慢门摄影可以呈现出溪水的流动轨迹，体现清新、柔美、幽静的画面效果，使溪流变得如云似雾、别有风味，效果如图 10-4 所示。

图 10-4　溪流照片效果

在使用 AI 模型生成溪流照片时，用到的重点关键词的作用分析如下。

(1) a stream is flowing in the dark with a rock in the background（一条小溪在黑暗中流动，背景是一块岩石）：用于描述主体画面场景，营造出一种神秘、幽暗和富有层次感的氛围。

(2) flowing fabrics（流动的织物）：用于增强水流的柔和感、流动感，使其产生类似于织物飘动的效果。

(3) limited color range（有限的色彩范围）：用于提示场景中的色彩选择相对较少，或者为了创造一种特定的画面效果而有意限制色彩范围。

(4) outdoor scenes（户外场景）：表明整个场景是户外的，与大自然相连，可能包括岩石、溪流和植被等自然元素。

10.1.5　烟花

慢门摄影可以记录烟花的整个绽放过程，展现出闪耀、绚丽、神秘的画面效果，适合用来表达庆祝、浪漫和欢乐等情绪，效果如图 10-5 所示。

many fireworks and buildings are above the water at night, fireworks shooting through the air, in the style of long exposure, time-lapse photography, light red and yellow, colorful explosions, silver and crimson, high quality photo, luminous atmosphere --ar 4:3

图 10-5　烟花照片效果

在使用 AI 模型生成烟花照片时，用到的重点关键词的作用分析如下。

(1) fireworks shooting through the air（烟花穿过空中）：描述了烟花在空中迸发、绽放的视觉效果，创造出灿烂绚丽的光芒和迷人的火花。

(2) light red and yellow（浅红色和黄色）：描述场景中的主要颜色，营造出热烈、炽热的视觉效果。

(3) colorful explosions（色彩缤纷的爆炸效果）：描述烟花迸发时呈现出多种颜色的视觉效果，让场景更加生动、更有活力。

10.1.6　光绘

光绘摄影是一种通过手持光源或使用手电筒等发光的物品来进行创造性绘制的摄影方式，最终呈现的效果是明亮的线条或形状，用户可以根据个人的想象力创作出丰富多样的光绘摄影效果，从而表达作品的创意和艺术性，效果如图 10-6 所示。

a circle of fire, a colorful image of a spinning ring on water, colorful explosions , in the style of long exposure, time-lapse photography, dark silver and gold, playful use of line, romantic use of light, spiral group, full body --ar 4:3

图 10-6　光绘照片效果

在使用 AI 模型生成光绘照片时，用到的重点关键词的作用分析如下。

(1) a circle of fire (火焰圈)：描述了一个环形的火焰形状，用于创造出一种燃烧的、充满能量和活力的视觉效果。

(2) playful use of line (线条的嬉戏运用)：用于创造活泼、动感的视觉效果。

(3) romantic use of light (光线的浪漫运用)：用于创造出浪漫、柔和的影调氛围，给人以温馨和梦幻的视觉感受。

(4) spiral group (螺旋群)：指场景中存在螺旋状的物体或元素，可创造出一种动态旋转的画面感。

(5) full body (全身)：让物体完整、饱满地展现出来，没有被截断或遮挡。

10.2 星空 AI 摄影实例分析

在夜空下，星星闪烁、星系交错，美丽而神秘的星空一直吸引着人们的眼球。随着科技的不断进步和摄影技术的普及，越来越多的摄影爱好者开始尝试拍摄星空，用相机记录这种壮阔的自然景象。

如今，我们可以直接用 AI 绘画工具来生成星空照片，本节将介绍一些星空 AI 摄影的实例，并分析用 AI 模型生成这些作品的技巧。

10.2.1 银河

银河摄影主要是拍摄天空中的星空和银河系，能够展现出宏伟、神秘、唯美和浪漫等画面效果，如图 10-7 所示。

图 10-7　银河照片效果

在使用 AI 模型生成银河照片时，用到的重点关键词的作用分析如下。

(1) large the Milky Way (银河系)：银河系是一条由恒星、气体和尘埃组成的星系，通常在夜空中以带状结构展现，是夜空中最迷人的元素。

(2) sony fe 24-70mm f/2.8 gm：是一款索尼旗下的相机镜头，它具备较大的光圈和广泛的焦距范围，适合捕捉宽广的星空场景。

(3) cosmic abstraction (宇宙的抽象感)：采用打破常规的视觉表达方式，给观者带来独特的视觉体验。

10.2.2　星云

星云是由气体、尘埃等物质构成的天然光学现象，具有独特的形态和颜色，可以呈现出非常灵动、虚幻且神秘感十足的星体效果，如图 10-8 所示。

图 10-8　星云照片效果

在使用 AI 模型生成星云照片时，用到的重点关键词的作用分析如下。

(1) the dark red star shaped nebula showing a small pink flame (暗红色的

星形星云显示出粉红色的小火焰）：用于呈现绚丽多彩、变幻莫测的画面，而火焰则增加了画面的活力和焦点。

（2）in the style of colorful turbulence（以多彩的气流形成）：使用色彩丰富、动感强烈的元素，营造出充满活力和张力的视觉效果。

10.2.3　星轨

星轨摄影是一种利用长时间曝光技术拍摄恒星运行轨迹的影像记录方式，能够创造出令人惊叹的宇宙景观，在星轨摄影中，相机跟随星星的运动，记录下它们的轨迹，营造出迷人的轨道形态，效果如图 10-9 所示。

a star trail over a lake on the night sky, orbit photography, in the style of impressive panoramas, spot metering, speed and motion, high horizon lines, adventurecore, flickr, alasdair mclellan --ar 4:3

图 10-9　星轨照片效果

在使用 AI 模型生成星轨照片时，用到的重点关键词的作用分析如下。

（1）orbit photography（轨道摄影）：利用特殊的摄影技术和设备拍摄物体沿着轨道运动的过程。

（2）speed and motion（速度和运动）：用于在摄影中捕捉和展示物体运动的能力。在星轨摄影中，通过长时间的曝光，星星的移动变成可见的轨迹。

（3）high horizon lines（高地平线）：指画面中地平线的位置较高，高地平线可以创造出开阔和广袤的视觉效果，增加画面的深度感和震撼力。

10.2.4　流星雨

流星雨是一种比较罕见的天文现象，它不仅可以给人带来视觉上的震撼，还是天文爱好者和摄影师追求的摄影主题之一，效果如图 10-10 所示。

a night sky with leo meteor shower, shooting stars in the background, in the style of northern china's terrain, unpredictable lines, multiple flash, multiple exposure, cosmic, high detailed, 8k resolution, transcendent --ar 4:3

图 10-10　流星雨照片效果

在使用 AI 模型生成流星雨照片时，用到的重点关键词的作用分析如下。

（1）a night sky with Leo meteor shower（狮子座流星雨的夜空）：用于指明画面主体，呈现出多个流星在夜空中划过的瞬间画面。

（2）multiple flash（多次闪光）：可以在夜空中增添额外的光点，增强画面的细节表现力和层次感。

（3）multiple exposure（多重曝光）：可以将多个瞬间画面合成到同一张照片中，创造出梦幻般的视觉效果。

(4) transcendent(超凡的)：用于强调作品的超越性和卓越之处，创造出超凡脱俗的视觉效果。

10.3　航拍 AI 摄影实例分析

随着无人机技术的不断发展和普及，航拍已然成为一种流行的摄影方式。通过使用无人机等设备，航拍摄影可以捕捉到平时很难观察到的场景，拓宽了我们的视野和想象力。本节将介绍一些航拍 AI 摄影的实例，让大家可以通过 AI 绘画工具轻松绘制出精美的航拍照片。

10.3.1　航拍河流

航拍河流是指利用无人机拍摄河流及其周边的景观和环境，可以展现出河流的优美曲线和细节特色，效果如图 10-11 所示。

图 10-11　航拍河流照片效果

在使用 AI 模型生成航拍河流照片时，用到的重点关键词的作用分析如下。

(1) bird's eye view(鸟瞰视角)：通过从高空俯瞰整个场景，可以捕捉到广阔的景观、地貌和水域，呈现出壮丽的风景，使观众震撼。

(2) aerial photograph（航拍照片）：通过使用飞行器（如无人机或直升机）从空中拍摄景观，得到独特的观看视角和透视效果。

(3) soft，romantic scenes（柔和、浪漫的场景）：通过使用柔和的光线和色彩，创造出宁静、温馨的画面效果，可以让观众产生舒适和放松的感觉。

10.3.2　航拍古镇

航拍古镇是指利用无人机等航拍设备对古老村落或城市历史遗迹进行全面记录和拍摄，可以展现出古镇建筑的美丽风貌、古村落的文化底蕴及周边的自然环境等，起到保存与传承历史文化的作用，效果如图 10-12 所示。

a ancient towns with river and bridge at night, many buildings, in the style of chinese new year festivities, villagecore, whistlerian, interactive experiences, high-angle, old-world charm, firecore, aerial view --ar 4:3

图 10-12　航拍古镇照片效果

在使用 AI 模型生成航拍古镇照片时，用到的重点关键词的作用分析如下。

(1) villagecore（乡村核心）：突出乡村生活和文化的主题风格，并展现出宁静、淳朴和自然的乡村景观画面。

(2) high angle(高角度)：是指从高处俯瞰的拍摄视角，通过高角度拍摄可以提供独特的透视效果和视觉冲击力，突出场景中的元素和地理特点。

(3) aerial view(高空视角)：可以呈现出俯瞰全景的视觉效果，展示出地理特征和场景的宏伟与壮丽。

10.3.3 航拍城市高楼

通过航拍摄影可以展现出城市高楼的壮丽景象、繁华气息，以及周边的交通道路、公园等文化地标，更好地展示城市风貌，效果如图 10-13 所示。

图 10-13 航拍城市高楼照片效果

在使用 AI 模型生成航拍城市高楼照片时，用到的重点关键词的作用分析如下。

(1) aerial image of ××(×× 地点的航拍图像)：通过航拍角度，呈现出 ×× 城市的壮丽和繁华景象。

(2) y2k aesthetic(y2k 美学)：是指源自 2000 年前后的时代风格，强调未来主义、科技感和数字元素，可以营造出复古未来主义的感觉，使照片具有独特的视觉魅力和时代感。

(3) schlieren photography（纹影摄影技术）：可以为作品增添科技感，使观众对画面中的流体效应产生兴趣。

10.3.4　航拍海岛

使用航拍摄影技术拍摄海岛，可以将整个海岛的壮丽景观展现出来，效果如图 10-14 所示。从高空俯瞰海岛、海洋、沙滩、森林和山脉等元素，呈现出海岛的自然美和地理特征，使观众能够一览无余地欣赏海岛的壮丽景色。

the island of bora bora aerial photography, in the style of ultra hd, in the style of 32k uhd, simple, iconic vibrant airy scenes, teal and indigo, nikon l35af, soft, romantic scenes, aerial view, high-angle --ar 4:3

图 10-14　航拍海岛照片效果

在使用 AI 模型生成航拍海岛照片时，用到的重点关键词的作用分析如下。

(1) aerial photography（航空摄影）：指的是从空中拍摄的照片，提供了一种独特的观察视角，可以展示出地面景观的全貌。

(2) teal and indigo（青色和靛蓝）：这些色彩可以赋予照片特定的氛围和风格，营造出海洋和天空的感觉。

(3) soft（柔软的）：指的是柔和、温暖的照片效果，通常用柔和的光线和色调来实现。

(4) romantic（浪漫的）：暗示照片中可能存在的浪漫氛围和情感元素。

需要注意的是，用户在生成创意类 AI 摄影作品时，需要尽可能多地加入一些与主题或摄影类型相关的关键词，还可以通过"垫图"的方式增加画面的相似度。

10.4　全景 AI 摄影实例分析

全景摄影是一种立体、多角度的拍摄方式，它能够将拍摄场景完整地呈现在观众眼前，使人仿佛身临其境。通过特定的摄影技术和后期手段，全景摄影不仅可以拍摄美丽的风景，还可以记录历史文化遗产等珍贵资源，并应用于旅游推广、商业展示等各个领域。本节介绍一些全景 AI 摄影的实例，让大家可以通过 AI 绘画工具轻松绘制出令人震撼的全景照片。

10.4.1　横幅全景

横幅全景摄影是一种通过拼接多张照片制作全景照片的技术，最终呈现的效果是一张具有广阔视野、连续完整的横幅全景照片，可以直观地展示出城市或自然景观的壮丽和美妙，效果如图 10-15 所示。

图 10-15　横幅全景照片效果

在使用 AI 模型生成横幅全景照片时，用到的重点关键词的作用分析如下。

(1) a view of the town of Monaco at sunset（摩纳哥镇日落景观）：描述了拍摄位置和时间，即在日落时分拍摄的摩纳哥镇景观，可以呈现出迷人的色彩和光影效果，同时捕捉到城市的建筑、海滨和周边环境。

(2) in the style of ultraviolet photography（紫外线摄影风格）：通过捕捉紫外线波长的光线创造出奇特、梦幻的视觉效果。这种风格可以为照片带来独特的色彩和氛围，使得景物呈现出与日常不同的画面效果。

(3) panoramic scale（全景尺度）：将辽远的景物或场景完整地展现在照片中，通过广角镜头或多张拼接的照片来实现，呈现出更广阔、宏大的视野，使观众产生身临其境的感觉。

10.4.2　竖幅全景

竖幅全景摄影的特点是照片显得非常狭长，同时可以裁去横向画面中的多余元素，使得画面更加整洁，主体更加突出，效果如图 10-16 所示。

在使用 AI 模型生成竖幅全景照片时，用到的重点关键词的作用分析如下。

a beautiful castle sits on top of a mountain, neuschwanstein castle gardens, a yellow and green backdrop, monumental vistas, authentic details, vertical panoramic photography --ar 25:36

图 10-16　竖幅全景照片效果

（1）beautiful castle（美丽的城堡）：描述了照片中的主体对象，即一座美丽的城堡，这个城堡可能是一个具有历史和文化价值的地标建筑，具有独特的风格和魅力。

（2）monumental vistas（宏伟的景观）：可以让画面呈现出宏伟、壮丽的视觉效果，同时强调城堡的威严和美丽。

（3）authentic details（真实的细节）：强调照片中的真实细节，如建筑特征、装饰元素和纹理，以展现其独特之处。

（4）vertical panoramic photography（垂直全景摄影）：可以捕捉到更宽广的视野，展示出高耸的山峰和城堡的垂直高度。

10.4.3 180°全景

180° 全景是指拍摄视角为左右两侧各 90° 的全景照片，这是人眼视线所能达到的极限。180° 度全景照片具有广阔的视野，能够营造出一种沉浸式的感觉，观众可以被包围在照片所展示的场景中，感受到氛围和细节，效果如图 10-17 所示。

图 10-17 180° 全景照片效果

在使用 AI 模型生成 180° 全景照片时，用到的重点关键词的作用分析如下。

（1）180 degree view（180° 视角）：描述了照片的视野范围，即能够看到房间内的全部区域，提供一个全景的观感。注意，仅通过视角关键词是无法控制 AI 模型出图效果的，还需配合使用合适的全景图尺寸。

（2）panorama（全景）：描述了照片的风格，指照片具有全景的特征，可以展示出广阔的视野范围，使观众产生身临其境的感觉。

（3）smooth and curved lines（平滑和曲线）：描述了摄影中的构图元素，可以为照片增添一种柔和、流畅的画面感，创造出舒适、宜人的视觉效果。

10.4.4　270°全景

270°全景是一种拍摄范围更广的照片，涵盖从左侧到右侧 270°的视野，使观者能够感受到更贴近实际场景的视觉沉浸感，效果如图 10-18 所示。

图 10-18　270°全景照片效果

在使用 AI 模型生成 270°全景照片时，用到的重点关键词的作用分析如下。

（1）panoramic landscape view（全景式风景视图）：是指照片的风格，强调了广阔的风景视野。通过展示广阔的山脉和城市景观，能够营造出宏伟和壮丽的画面效果。

（2）aerial view panorama（航拍全景）：描述了照片的拍摄角度，航拍视角能够让观众获得独特的俯视景观体验。

（3）photo-realistic landscapes（写实风景）：强调了照片采用写实风景的表现方式，通过精确的细节、色彩还原和光影处理，营造出一种逼真的风景效果，使观众仿佛置身于实际场景中。

10.4.5　360°全景

360°全景又称为球形全景，它可以捕捉到观察点周围的所有景象，包括水平和垂直方向上的所有细节，观众可以欣赏到完整的环境，得到全方位的沉浸式体验，效果如图 10-19 所示。

在使用 AI 模型生成 360°全景照片时，用到的重点关键词的作用分析如下。

（1）round globe（圆球）和 global imagery（全球影像）：通过球体的方式来展现的影像效果。

（2）fish-eye lens（鱼眼镜头）：可以提供广角的视野，并产生弯曲的图像效果。通过使用鱼眼镜头，可以捕捉更广阔的景象，为观众呈现独特的视觉效果。

a 360 degree view of the round globe has the city and a lake on it, global imagery, panoramic scale, in the style of stereoscopic photography, fish-eye lens, uhd image, large-scale photography, 32k uhd, aerial view panorama, in the style of photo-realistic landscapes,

图 10-19　360°全景照片效果

本章小结

本章主要为读者介绍了创意 AI 摄影的相关实例，包括慢门 AI 摄影、星空 AI 摄影、航拍 AI 摄影和全景 AI 摄影等。通过本章的学习，希望读者能够更好地掌握运用 AI 模型生成各种创意摄影作品的方法。

课后习题

为了使读者更好地掌握本章所学知识，下面将通过课后习题帮助读者进行简单的知识回顾和补充。

1. 使用 Midjourney 生成一张瀑布慢门照片。

2. 使用 Midjourney 生成一张航拍河流照片。

第11章
AI 综合案例：《雪山风光》实战全流程

随着人工智能技术的发展，AI 摄影绘画逐渐成为全球视觉艺术领域的热门话题。AI 算法的应用，使数字化的摄影和绘画创作方式更加多样化，同时创意和表现力也得到新的提升。本章将通过一个综合案例对 AI 摄影绘画的相关操作流程进行全面介绍。

11.1　用 ChatGPT 生成照片关键词

在通过 AI 模型生成照片时，首先要描述画面主体，即用户需要画一个什么样的东西，要把画面的主体内容讲清楚。例如，我们要生成一张雪山风光的照片，可以先使用 ChatGPT 生成关键词，然后通过 Midjourney 进行 AI 绘画来生成照片。

首先，在 ChatGPT 中输入关键词，对 AI 模型进行训练，让它了解我们想要的大致内容格式，如图 11-1 所示。

然后，将我们想要生成的照片信息告诉 ChatGPT，让它生成符合要求的关键词，ChatGPT 的回答如图 11-2 所示。

图 11-1　训练 ChatGPT 的 AI 模型　　　　图 11-2　使用 ChatGPT 生成关键词

11.2　用 Midjourney 生成照片效果

AI 绘画工具通过将大量的图像数据输入深度学习模型中进行训练，建立 AI 模型的基础，然后使用训练好的 AI 模型来生成新的图像，这个过程又称为"生成"。在此过程中，用户可以通过调整 AI 模型的参数和设置，对生成的图像进行优化和改进，使其更符合自己的需求和审美标准。本节将以热门的 AI 绘画工具 Midjourney 为例，介绍生成照片效果的操作方法。

11.2.1　输入关键词自动生成照片

在 ChatGPT 中生成照片关键词后，我们可以将其直接输入 Midjourney 中生成对应的照片，具体操作方法如下。

01 在 Midjourney 中调用 imagine 指令，输入在 ChatGPT 中生成的照片关键词，如图 11-3 所示。

02 按 Enter 键确认，Midjourney 将生成 4 张对应的图片，如图 11-4 所示。

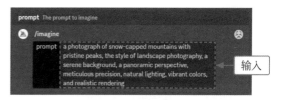

图 11-3　输入关键词

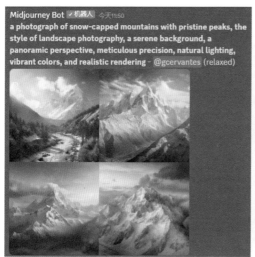

图 11-4　生成 4 张对应的图片

11.2.2　添加摄影指令增强真实感

从图 11-4 中可以看到，直接通过 ChatGPT 的关键词生成的图片仍然不够真实，因此需要添加一些专业的摄影指令来增强照片的真实感，具体操作方法如下。

01 在 Midjourney 中调用 imagine 指令，输入相应的关键词，如图 11-5 所示，在上一例的基础上增加了相机型号、感光度等关键词，并将风格描述关键词修改为 "in the style of photo-realistic landscapes"（具有照片般逼真的风景风格）。

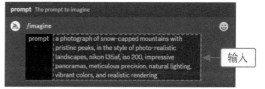

图 11-5　输入关键词

02 按 Enter 键确认，Midjourney 将生成 4 张对应的图片，可以提升画面的真实感，效果如图 11-6 所示。

图 11-6　Midjourney 生成的图片效果

11.2.3　添加细节元素丰富画面效果

　　在关键词中添加一些细节元素的描写，以丰富画面效果，使 Midjourney 生成的照片更加生动、有趣和吸引人，具体操作方法如下。

扫码看视频

01　在 Midjourney 中调用 imagine 指令，输入相应的关键词，如图 11-7 所示，在上一例的基础上增加关键词"a view of the mountains and river"（群山和河流的景色）。

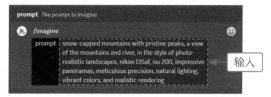

图 11-7　输入关键词

02　按 Enter 键确认，Midjourney 将生成 4 张对应的图片，可以看到画面中的细节元素更加丰富，不仅保留了雪山，而且前景处还出现了一条河流，效果如图 11-8 所示。

图 11-8　Midjourney 生成的图片效果

11.2.4 调整画面的光线和色彩效果

在关键词中增加一些与光线和色彩相关的关键词，增强画面整体的视觉冲击力，具体操作方法如下。

扫码看视频

01 在 Midjourney 中调用 imagine 指令，输入关键词，如图 11-9 所示，在上一例的基础上增加了光线、色彩等关键词。

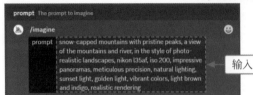

图 11-9 输入关键词

02 按 Enter 键确认，Midjourney 将生成 4 张对应的图片，可以看到画面中已营造出更加逼真的影调，效果如图 11-10 所示。

图 11-10 Midjourney 生成的图片效果

11.2.5　提升Midjourney的出图品质

扫码看视频

增加一些出图品质关键词，并适当改变画面的纵横比，让画面拥有更加宽广的视野，具体操作方法如下。

01 在 Midjourney 中 调 用 imagine 指令，输入关键词，如图 11-11 所示，在上一例的基础上增加了分辨率和高清画质等关键词。

图 11-11　输入关键词

02 按 Enter 键确认，Midjourney 将生成 4 张对应的图片，此时的画面显得更加清晰、细腻和真实，效果如图 11-12 所示。

图 11-12　Midjourney 生成的图片效果

03 单击 U2 按钮，放大第 2 张图片效果，如图 11-13 所示。

图 11-13　放大第 2 张图片效果

11.3　用 PS 对照片进行优化处理

如果 Midjourney 生成的照片中存在瑕疵或者不合理的地方，用户可以在后期通过 Photoshop 软件对照片进行优化处理。本节主要介绍利用 Photoshop 的"创成式填充"功能，对 Midjourney 生成的照片进行 AI 修图和 AI 绘画处理，让照片效果变得更加完美，实现更高的画质和观赏价值。

11.3.1　使用PS修复照片的瑕疵

使用 Photoshop 的 AI 修图功能，可以帮助用户分析照片中的缺陷和瑕疵，自动填充并修复这些区域，使其看起来更加完美自然，具体操作方法如下。

扫码看视频

01　单击"文件"｜"打开"命令，打开一张 AI 照片素材，如图 11-14 所示。

02　通过观察照片，发现山体间的过渡还有些不自然。此时，可以选取工具箱中的套索工具 ⌒，在画面中的瑕疵位置创建一个不规则选区，如图 11-15 所示。

图 11-14　打开 AI 照片素材

图 11-15　创建一个不规则选区

03　在选区下方的浮动工具栏中，单击"创成式填充"按钮，如图 11-16 所示。

04　执行操作后，在浮动工具栏中，单击"生成"按钮，如图 11-17 所示。

图 11-16　单击"创成式填充"按钮

图 11-17　单击"生成"按钮

05　执行操作后，Photoshop 会重绘此区域的画面，让照片显得更加自然，效果如图 11-18 所示。

图 11-18　AI 修图效果

11.3.2　使用PS在照片中绘制对象

扫码看视频

使用 Photoshop 的 AI 绘画功能可以为照片增加创意元素，让画面效果更加精彩，具体操作方法如下。

01 以上例中的效果文件作为素材，运用套索工具 ⌕ 在画面中的合适位置创建一个不规则选区，如图 11-19 所示。

02 在选区下方的浮动工具栏中，单击"创成式填充"按钮，如图 11-20 所示。

图 11-19　创建一个不规则选区

图 11-20　单击"创成式填充"按钮

03 执行操作后，在浮动工具栏左侧的输入框中输入关键词 eagle(鹰)，如图 11-21 所示。

04 单击"生成"按钮，即可生成相应的图像，效果如图 11-22 所示。

图 11-21　输入关键词

图 11-22　生成图像

专家提醒

如果用户对于生成的图像效果不满意，可以单击"生成"按钮重新生成图像。

11.3.3　使用PS扩展照片的画幅

扫码看视频

使用 Photoshop 的"创成式填充"功能扩展照片的画幅，不会影响图像的比例，也不会出现失真等问题，具体操作方法如下。

01　以上例中的效果文件作为素材，选取工具箱中的裁剪工具 ✄，在工具属性栏中的"选择预设长宽比或裁剪尺寸"列表框中，选择 16:9 选项，如图 11-23 所示。

02　在图像编辑窗口中调整裁剪框的大小，在图像两侧扩展出白色的画布区域，如图 11-24 所示。

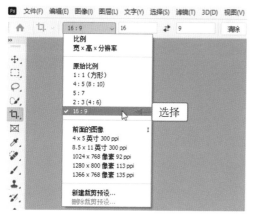

图 11-23　设置裁剪尺寸

图 11-24　调整裁剪框的大小

03　执行操作后，按 Enter 键确认，完成图像的裁剪，并改变图像的画幅大小，效果如图 11-25 所示。

04　运用矩形框选工具 ▢，在左右两侧的空白画布上分别创建两个矩形选区，如图 11-26 所示。

图 11-25　改变图像的画幅大小

图 11-26　创建两个矩形选区

05　在下方的浮动工具栏中，依次单击"创成式填充"按钮和"生成"按钮，如图 11-27 所示。

06　执行操作后，即可在空白的画布中生成相应的图像内容，效果如图 11-28 所示。

图 11-27 单击"生成"按钮

图 11-28 生成图像内容

07 在"属性"面板的"变化"选项区中选择相应的图像，改变扩展的图像效果，如图 11-29 所示。

图 11-29 改变扩展的图像效果